The Science

of the Hitchhiker's

Guide

to the Galaxy

The Science
of the Hitchhiker's
Guide
to the Galaxy

은하수를
여행하는
**히치하이커를**
위한
과학

마이클 핸런 지음 | 김창규 옮김

이음

**은하수**를 여행하는 **히치하이커**를 위한 **과학**

초판발행 | 2008년 5월 1일

지은이 | 마이클 핸런
옮긴이 | 김창규
발행인 | 윤병무
발행처 | (주)도서출판 이음
등록번호 | 제313-2005-000137호(2005년 6월 27일)

표지디자인 | 오진경
본문디자인 | 김윤숙
필름 제작 | 문형사
종이 공급 | 일급지류(주)
인쇄 · 제본 | 삼성인쇄(주)

주소 | 서울시 마포구 서교동 326-26번지 헤윈빌딩 202호 (121-836)
전화 | (02) 3141-6126~7
팩스 | (02) 3141-6128
전자우편 | editor@eumbooks.com

한국어판 ⓒ (주)도서출판 이음, 2008 Printed in Seoul, Korea
ISBN 978-89-93166-13-2    03400

잘 만든 한 편의 코미디가 읽는 이의 인생 전반을 돌아보게 할 수 있듯이, 잘 만든 한 편의 과학소설이 우주 전체를 직관하게 할 수도 있다. 둘을 결합하면 어떤 일이 벌어질까? 아마도 책 한 권을 통해 인생, 우주, 그리고 세상 만물을 통찰할 수 있을 것이다.

유머를 통해 교훈을 주고 읽는 이의 사고와 탐구심을 자극하는 작가는 드물다. 애정 어린 독자들의 환호는 제쳐두고, 비평가들의 조소를 거쳐 살아남기란 더더욱 힘들다. 그리고 지금처럼 옮긴이의 말을 쓰는 자리에서 그런 과학소설작가들을 떠올리기란 매우 힘들다. 하지만 두 명의 작가가 오래 생각할 필요도 없이 번개처럼 떠오른다. 하나는 더글러스 애덤스요, 또 하나는 커트 보네거트 2세다.

더글러스 애덤스는 『은하수를 여행하는 히치하이커를 위한 안내서』(The Hitchhiker's Guide to the Galaxy)로 대중적인 인기를 한 몸에 받은 작가이며, 그의 작품들은 하나같이 절로 고개를 끄덕이게 만든다. 그리고 과학소설을 사랑하는 이의 입장에서, 그처럼 능숙하게, 또한 시대에 뒤떨어진다는 느낌 없이 과학의 여러 분야를 종횡무진으로 넘나들며 글을 써내는 실력에는 감탄을 하지 않을 수가 없다. 마이클 핸런 또한 그런 마음에서 이 책『은하수를 여행하는 히치하이커를 위한 과학』(*The Science of the Hitchhiker's Guide to the Galaxy*)을 집필했을 것이다. 사건이 이리저리 꼬이고 뜻밖의 장소에서 해결되는 소설과 마찬가지로 최신의 우주론과 물리이론 또한 땅에 발붙이고 사는 우리의 상식을 뛰어넘으니, 이야말로 현대과학을 설명하기에 안성맞춤일 것이다.

온·오프라인 서점의 과학서적 목록을 들여다보면 현대물리학의 알기 쉬운 입문서나 교양과학 서적들을 적잖이 볼 수 있다. 하지만 유머를 사용해 읽는 이와의 거리를 좁히는 책들은 의외로 많지 않다. 만화를 이용한다거나 어려운 부분을 건너뛴다고 해서 무조건 접근성이 좋아지는 것은 아니다. 과학이라는 것, 즉 세상을 이성적으로 설명하고 해석하는 행위란 결국 지적 활동이다. 그런 의미에서 본다면 지적 유희인 풍자와 적절한 비유야말로 역설적으로 과학에 접근할 수 있는 좋은 길이 될 수도 있다(물론 직관적인 그래프와 도표보다는 부족하겠지만 말이다).

핸런은 이 책을 그렇게 썼다. 수식이나 도표 하나 없이 과학적 개념을 전달한다. 또한 (혹자는 이 말에 동의하지 않을지도 모르겠다) 전문적인 용어를 남발하지도 않는다. 핸런이 책 전체를 통해 독자에게 알리고자 하는 것은 M이론이나 F이론, 초끈이론이나 11차원이 '무엇인가'가 아니다. 그저 '이런 신기한 것도 있다'고 싱글벙글 웃으면서 알려주는 것이다. 그리고 소설『은하수를 여행하는 히치하이커를 위한 안내서』에 등장하는 과학적 (그리고 철학적) 소재들을 이용해 미신이나 사기극에 현혹되지 말고 진짜 과학을 즐겨보라고 맛보기를 보여주는 것이다.

우주의 광대무변함을 찬양하고 과학사를 시시콜콜히 정리하느라 수십 페이지를 할애하는 대신, 핸런은 가장 최신의 과학을 소개하면서 사족이나 군말을 최대한 배제하고 재치 있는 농담마저도 압축해놓았다. 따라서 많지 않은 분량임에도 이 책에는 다양한 과학이 빼곡히 들어차 있으며 그 진행 또한 빠르다. 만약 어딘가 미진하거나 원뜻을 십분 전달하지 못했다는 느낌이 든다면 그것은 전적으로 옮긴이의 역량 부족이다. 같은 뜻에서 졸역을 다듬느라 애쓰신 분들께 감사드린다.

독자가 이 책을 통해 인생, 우주, 그리고 세상 만물에 대해 조금이라도 이성적이고 여유 있게 바라볼 수 있다면 옮긴이로서 최고의 보람이 될 것이다.

옮긴이 김창규

# 『은하수를 여행하는 히치하이커를 위한 과학』을 위한 안내서

이 책은 공상과학소설의 애독자뿐 아니라 전 세계 수백만, 아니, 수천만 일반 독자들까지 사로잡은 공전의 히트작 『은하수를 여행하는 히치하이커를 위한 안내서』(이하 『히치하이커』) 속에 숨어 있는 진짜 과학을 낱낱이 밝힘으로써 현대 우주과학의 쟁점들을 살펴보는 과학교양서다. 이 책을 읽어나가는 데 있어 반드시 『히치하이커』의 내용을 모조리 숙지하고 있어야만 하는 것은 아니지만, 혹시라도 『히치하이커』를 한 번도 접해보지 않은 독자들 중에 이 책 중간중간 등장하는 『히치하이커』 속의 인물이나 장소, 에피소드 등에 궁금증을 불러일으키실 분들이 있을까봐 간략하게나마 내용 설명을 해두고자 한다.

### 1권 『은하수를 여행하는 히치하이커를 위한 안내서』
### (The Hitchhiker's Guide to the Galaxy)
지구인이자 주인공인 아서 덴트는 무료한 삶에 지쳐 있다. 삶의

즐거움이라고는 친구 포드 프리펙트와 맥주 한잔 걸치는 정도다. 그러던 어느 날 보곤이라는 이름의 외계인이 날아와 지구를 문자 그대로 '밀어버린다.' '초공간 지름길'을 내기 위해서다. 보곤인들은 관료주의 실무자의 상징과도 같아 지구인이 그 사실을 알든 모르든 신경도 쓰지 않고 임무를 수행한다.

하지만 아서 덴트는 고향 행성과 운명을 같이하지 않는다. 친구 포드 프리펙트가 순간이동장치를 사용해 구해준 것이다. 사실 포드는 '은하수를 여행하는 히치하이커를 위한 안내서'의 현지 통신원이다. 순간이동한 곳은 보곤인의 우주선 안. 아서와 포드는 보곤인의 끔찍한 시를 듣는 고문을 받은 후 우주공간으로 쫓겨난다. 그리고 '무한 불가능확률 항법'으로 운항하는 '순수한 마음호'에 '불가능하게도' 구조된다. 순수한 마음호에 타고 있는 것은 일명 우주 대통령인 자포드 비블브록스, 우울증에 걸린 로봇 마빈, 그리고 지구상의 파티에서 한 번 만난 적 있는 여인 트릴리언이다. 일행은 전설의 행성인 마그라시아에 도착한다.

아서는 그곳에서 지구가 (그 위에 살던 생명체들까지 포함해서) 우주의 궁극적인 문제를 해결하기 위해 만들어진 컴퓨터라는 것을 알게 된다. 이 컴퓨터의 제작을 주문한 것은 다름 아닌 쥐들로, 사실 쥐는 '범차원적인 초지성체의 3차원적 현신'이다. 컴퓨터인 '지구 1호'는 본래 '인생, 우주 그리고 세상 만물'에 관한 '궁극의 질문'을 구하기 위해 만들어졌으나 원하는 결과를 얻기 직전에 파괴되었고, 따라서 쥐들은 지구 2호를 만들려고 한다. '궁극의 대답'은 이미 알려져 있다 컴퓨터 '수고'는 그 대답이 '42'라고 했나. 하지만 '궁극의 질문'이 밝혀져야 그 뜻을 알 수 있으며, 그 일은 다른 컴퓨터에게 맡겨야 한다고 떠넘긴 것이다.

　쥐들은 지구 2호를 정상적으로 만들기 위해 오랜 세월을 기다리는 대신 유전을 통해 아서 덴트의 뇌 속에 아로새겨진 결과물을 얻으려고 한다. 그러기 위해서는 아서가 죽어야 한다.

## 2권 『세상 끝에 자리 잡은 식당』
### (*The Restaurant at the End of the Universe*)

마빈의 활약으로 위기에서 벗어난 아서 일행은 둘로 갈라진다. 자포드와 마빈은 '히치하이커를 위한 안내서' 사무소에 당도한다. 여기서 자포드는 '확률'을 생각하지 못하고 엘리베이터에 탄다. 자포드는 그 후 우주 최악의 고문기계인 '전체를 조망하는 소용돌이'의 고향 프록스타월드B 행성에 도착한다. 본래 '소용돌이'는 고문당하는 사람에게 자신이 광대한 우주에서 얼마나 하찮고 보잘 것없는지를 알려주는 '끔찍한' 기계지만, 자포드는 그 속에 들어간 후 자신이 전 우주에서 가장 중요한 존재라는 사실을 깨닫는다. 그리고 레몬에 적신 냅킨 배달을 900년 동안 기다리며 떠도는 우주 여객선 속에서 '히치하이커를 위한 안내서' 사무소에서 근무하는 '자니우프'를 만난다. 자포드는 자신이 통과한 '소용돌이'가 실은 자니우프가 만든 가상 우주의 산물임을 알고 자존심에 아주 미미한 상처를 입는다. 자포드는 나머지 일행과 합류한 후 '순수한 마음호'에게 가장 가까운 식당으로 가라고 지시한다. 그 결과 도착한 것이 '세상 끝에 자리 잡은 식당'인 밀리웨이즈이다. 밀리웨이즈는 프록스타월드B의 잔해 위에 세워졌고, 고로 가장 가까운 식당이었다.

우여곡절 끝에 아서와 포드는 선사시대의 지구에 추락한다. 아서는 그곳에서 자신의 뇌 속에 남은 컴퓨터 기능이 사라지기 전에 궁극의 질문이 무엇인가에 대한 단서를 얻으려 노력한다. 그 결과는 "6 곱하기 9는 얼마지?"이다. 아서는 그 질문의 답인 54가 궁극의 해답인 42와 일치하지 않는 것이 자신의 행동 때문임을 깨닫는다.

### 3권 『인생, 우주 그리고 세상 만물』
#### (Life, the Universe and Everything)

아서와 포드는 행성 설계자인 '슬라티바패스트'를 만나고, 크리킷 행성 거주민들의 역사에 대해 배운다. 크리킷인들은 행성을 둘러싼 두꺼운 구름 때문에 다른 별이나 우주의 존재를 모르고 살았다. 그러다 진실을 깨달은 후 모든 생명을 죽이기 위해 전쟁을 일으킨다. 긴 전쟁 끝에 크리킷인들은 패배하고 우주가 자연 소멸할 때까지 시간적으로 고립되는 형벌을 받는다. 하지만 전함 한 척이 이 고립을 벗어나 고향 행성을 해방시킬 도구를 찾아 나선다.

문제의 전함을 쫓는 과정에서 아서는 '아그라작'이라는 생물과 만난다. 아그라작은 여러 번 환생하면서 그때마다 아서에게 살해 당했고 (또는 아서 때문에 죽었고) 복수를 꿈꾼다. 하지만 아그라작은 끝내 자신의 소원을 이루지 못한다.

그 후 아서는 다시 한 번 전 우주의 운명을 결정하는 자리에 선다. 아서는 우주의 모든 생명을 말살할 수 있는 폭탄을 적절히 처리하여 세상을 구원한다.

## 4권 『안녕, 그리고 물고기 고마웠어요』
### (So Long, and Thanks for All the Fish)

아서는 그동안 '지구 살리기 운동'을 벌여왔던 돌고래들이 다시 만들어놓은 지구로 돌아오고 펜처치라는 여인과 사랑에 빠진다. 그리고 '신이 피조물들에게 남긴 마지막 선언'을 보기 위해 포드와 함께 여행한다.


## 5권 『거의 무해함』(Mostly Harmless)

평행우주가 본격적으로 등장한다. 다른 세계의 트릴리언, 즉 트리시아 맥밀런은 우주여행을 떠나지 않고 지구에서 아나운서를 하다가 실직한다. 한편 펜처치를 잃은 아서는 방황하다가 옛 지구의 다른 '버전'인 '어쩌라구' 행성과 마주친다.

아서는 그 후 라무엘라라는 행성에서 '샌드위치의 신'으로 추앙받으며 지내다가 (트리시아가 아닌) 트릴리언의 갑작스런 방문을 받는다. 트릴리언은 랜덤이라는 여자아이를 소개하며 아서의 친딸이라고 알려준다. 아서는 이전에 여행경비 마련을 위해 정자은행에 정액을 판 적이 있으며, 자식을 원했던 트릴리언은 정자은행의 상품 중 유전자 구조가 자신과 유일하게 맞는 아서의 것을 골랐던 것이다. 하지만 트릴리언은 부모 역할보다 출세에 관심이 있었다. 트릴리언은 아서에게 랜덤을 맡기고 떠난다. 한편 포드는 '히치하이커를 위한 안내서 2.0'을 아서에게 보내고, 랜덤은 안내서 2.0을 훔쳐 도망치면서 그 안에 담긴 '전지전능'한 힘을 발견한다.

아서, 포드, 랜덤은 지구에 도착해 트리시아와 만난다. 그리고 트릴리언도 합류한다. 아서는 그 후 벌어지는 소동 속에서 자신의 운명, 또는 가능성을 깨닫고, 마침내 보곤인들이 최후의 음모를 펼친다. 그리고 1권의 처음과 연결되는 결말이 주인공들을 기다린다.

| 차례 |

# 1

## 들어가기에 앞서

동명의 라디오 드라마에서 파생된 소설 『은하수를 여행하는 히치하이커를 위한 안내서』(이하 『히치하이커』로 표기)는 SF(science fiction, 공상과학소설)와 인생, 그리고 우주와 진짜 세상 만물을 다루는, 별나고 때로는 신랄하기까지 한 풍자서이다.[1] 이 소설은 텔레비전 드라마 「닥터 후」(Dr Who)의 각본가이기도 한 더글러스 애덤스(Douglas Adams)의 작품이며, 시간이 흐름에 따라 애초의 '3부작'이라는 명칭에서 점차 멀어져서 결국 5권까지 출간이 되었다. 작품 속에서 운 나쁜 BBC 직원이었던 아서 덴트는 보곤이라는 외계인들이 초공간(hyperspace) 우회로를 만들기 위해 지구를 밀어버리는 순간 친구인 포드 프리펙트의 도움으로 기상천외한 탈출극

---

1 소설 『은하수를 여행하는 히치하이커를 위한 안내서』 시리즈의 3권 제목이 『인생, 우주 그리고 세상 만물』이다.

을 벌인다. 그리고 평범한 지구인이었던 아서는 은하계가 가할 수 있는 모든 것에 맞닥뜨리며 다양하고 익살맞은 무용담을 펼쳐나 간다. 세련된 웃음을 선사하던 이 시리즈는 점점 어두워져서, 마 지막 권이라 볼 수 있는 『거의 무해함』에 이르러서는 확실히 암울 한 결말에 도달한다.

『히치하이커』는 일차적으로 코미디이다. 소설에서 등장하는 '과학'들은 확실히 말도 안 되는 것들이며, 이는 의도적이다. 단 하나뿐인 우주 대통령 자포드 비블브록스[2]는 (평상시에) 머리가 둘 이며 팔이 셋이다. 결코 있을 법하지 않은 행성들도 등장한다. 영 원히 토요일 오후만 계속되는 행성, 사무실 블록들이 허공에 떠다 니는 행성, 어떤 이유로 '프랑스'라고 이름 붙은 섬 하나를 제외하 고는 표면의 대부분이 바다인 행성 등이 그것이다. 승객들이 마비 되어 있다가 매 세기마다 음식을 공급받기 위해 깨어나고 승무원 들은 레몬즙에 적신 냅킨이 배달되어 오기를 기다리며 영겁에 걸 쳐 표류하는 우주선도 등장한다. 젖가슴이 셋 달린 매춘부와 잡아 먹히기를 고대하며 사육되고 있는, 말하는 소도 있다. 다른 요소 들은 「닥터 후」 식의 점잖은 냉소나 「스타워즈」(Star Wars)와 같은 우주 활극, 그리고 아이작 아시모프(Isaac Asimov)나 아서 C. 클라 크(Arthur C. Clarke) 등의 작품처럼 조금 더 진지한 것에 이르기까

---

**2** 『히치하이커』의 등장인물. 주인공 아서 덴트가 지구를 탈출한 후 만나는 괴짜 우주 인 중 하나다. 우주 대통령이라는 허울뿐인 직책을 이용해 무한 불가능 항법으로 이동 하는 우주선 '순수한 마음호'를 탈취한다. 아서 덴트는 '불가능하게도' 이 우주선에 우 연히 탑승한다.

지 다양하게 걸쳐 있다. 이 소설은 최첨단 우주론(Cosmology)과 이론물리학(Theoretical physics)을 점차 기이하게 뒤틀고 변형시키는 더글러스 애덤스 식 공상에 대한 기록이다.

더글러스 애덤스가 『히치하이커』의 초반부를 집필하던 1978년은 블랙홀(Black Holes), 평행우주(Parallel Universe), 양자(Quantum) 현상의 기이함과 외계 생명체에 관한 진지한 토론들이 처음으로 대중의 관심을 끌기 시작하던 때였다. 따라서 그 엉뚱함에도 불구하고 이 소설은 실제 과학기술로 가득하다. 애덤스는 빅뱅(Big Bang), 블랙홀, 통일장이론(Grand Unified Theory, GUT) 등의 새로운 우주론에서 일고 있던 관심거리들을 잘 집어낸 다음 재치를 담아 다루고 있다. 애덤스가 '인생, 우주 그리고 세상 만물에 관한 궁극적인 질문'을 제시하지 않았더라면 거기에 답을 주고자 했던 스티븐 호킹(Stephen Hawking)의 책들이 그렇게 잘 팔릴 수 있었을까?

평행우주와 대체 현실(alternate reality)은 『히치하이커』 시리즈에서 가장 흥미로운 주제들이다. 저기 저 모퉁이만 돌면 이 세계와는 다른 그림자 세계가 존재할 것이라는 생각은 사람들의 마음을 사로잡는다. 인간은, 특히 젊은 세대들은 정원의 땅 속이나 옷장 속, 먼 옛날의 나무[3] 꼭대기, 또는 9와 3/4번 플랫폼[4]에서 전혀 다

---

**3** 아동용 도서인 'The Faraway Tree' 시리즈에 등장하는 마법의 나무. 나무의 가지 끝에 오르면 다른 세계가 펼쳐진다.
**4** 『해리포터』 시리즈에서 호그와츠로 가는 학생들이 마법 기차를 타는 킹스 크로스 기차역의 플랫폼 번호다.

른 세계와 마주치리라는 생각에 늘 이끌려왔다. 그리고 이와 같은 환상적인 다른 세계가 양자세계인 이상한 나라를 설명하는 유일한 길이라는 사실에 충격을 받는다.

이 세계야말로 과학이 아직 밝히지 못한 괴이하기 그지없는 우주 속의 불가사의한 구석과 틈을 밝혀줄 열쇠이다. 양자의 땅이야말로 가장 순간적이고 간결하다. 이곳에서 전자들은 개별적인 존재가 아니라, 전 우주 크기일 수도 있고 1조(兆) 개가 바늘 끝에 모일 만큼 작을 수도 있는 두루뭉술한 파동함수[5]이다. 동시에 두 개의 장소에 존재할 수도 있으며 단지 어떤 사물을 바라보는 것만으로도 심오하고 매우 이상한 영향을 줄 수 있다.

어떤 연구가들은 양자세계가 진정한 평행우주로 가는 문을 열어줄 수 있다고 생각한다. 그곳에서는 노르망디 상륙작전이 실패로 돌아가고 히틀러가 제2차 세계대전의 승리를 거머쥘 수도 있고, 또는 제2차 세계대전이 아예 발발하지 않을 수도 있으며, 마지막으로 출시된 포드 시에라 차량의 색깔이 살짝 덜 매력적인 금속느낌의 자줏빛일 수도 있다. 평행우주의 매력이란 그런 것이다. 우리가 원하는 만큼 현실과 크게 다를 수도 있고, 또는 차이가 미미할 수도 있는 것이다. 우리의 불쌍한 아서 덴트는 운 없게도 평행차원의 밀고 당김에 휩쓸리는 바람에 일생의 사랑을 얻기도 하고 잃기도 한다. 은하 방송계의 여왕인 동시에 전 우주에서 어머

---

**5** 입자의 파동적 측면을 나타내는 함수이자 특정 입자가 특정 위치에 존재할 확률을 나타내는 함수다.

니가 되기에 가장 부적합한 여인인 트릴리언[6]은 평행우주의 또 다른 자신과 만난다. 지구를 떠난 적이 단 한 번밖에 없으며 일에만 몰두하는 TV저널리스트와 말이다.

훌륭한 SF들이 모두 그렇듯 『히치하이커』는 과학뿐 아니라 철학에 대해서도 다루고 있다. 우리의 운명은 정해져 있는가? 과연 우리는 혼돈이론(chaos theory)과 양자역학(quantum mechanics)의 서투른 불명확함에도 불구하고, 본질적으로는 그 앞날의 향방이 무한한 정확도로 예측 가능한 뉴턴적 우주의 당구공 속에서 살고 있는 것일까? 아니면 미래란 실제로도 이론적으로도 예측 불가능한 것일까? 아서는 특정하지 않은 날짜와 시간에 한 번도 들어본 적 없는 '스타브로무엘러베타'(Stavro Mueller Beta)라는 곳에서 대단원을 맞게 될 거라는 얘기를 듣고 자연스럽게 겁에 질린다. 우리는 과거가 확고부동하며 미래는 안개처럼 한 치 앞을 볼 수 없는 것이라고 믿고 싶어 한다.

우리 유한한 존재들의 불안함과 불확실성을 극복하기 위해서 궁극적인 질문에 대한 궁극적인 해답을 얻어보고자 결심한 자들이 있다. 여기에는 『히치하이커』에 등장하는 초지성(超知性)의 쥐들도 포함된다. 하지만 '숙고'(熟考, 세상의 비밀을 풀기 위해 쥐들이 만든 초대형 컴퓨터)가 지적한 바 그대로, 궁극의 질문이 뭔지를 알아내기 전에는 답이 무엇인들 아무 의미도 없을 것이다.

......................................................................................................................

**6** 『히치하이커』의 등장인물. 1권에서 아서가 탑승한 '순수한 마음호'의 여행자 중 하나다. 후일 아서의 딸의 어머니가 된다.

이럴 때 사람들이 쉽게 생각해내는 것은 신(神)이다. 『히치하이커』가 시작된 것은 이성이 버스의 뒷좌석으로 밀려나서 매연에 휩싸이고, 알 수 없는 소리를 지껄이는 뉴에이지의 예언자들이 앞자리를 차지하기 전의 일이었다. 애덤스가 최초의 라디오 각본을 쓸 당시 교회 기반의 전통적인 신앙은 쇠퇴일로에 접어들고 있었다. 그 뒤를 이은 것은 수정구와 타로카드, 차크라(chakra)와 짐쟁이 여인들이었다.

이러한 현상은 그 옛날 빅토리아 시대 심령주의의 재연이었으며, 또한 본질적으로 퇴폐적인 세기말 유행이었다. 켈트나 동양의 신비주의, 자의식, 정신과 육체의 건강에 대한 비서구적 접근법, 식이요법과 주술 등을 강조했던 뉴에이지 운동은 일종의 종교였으며, 1960년대 물질주의와 기술우월주의에 대한 반동이었다. 체스터턴(G. K. Chesterton)의 말을 살짝 바꿔서 인용해보자. 사람이란 신을 믿지 않는다고 신앙을 잃지는 않는다. 대신 모든 것을 신앙의 대상으로 삼기 시작한다.[7]

『히치하이커』에 따르자면, (아마도) 진화를 거친 생물 중에 가장 독특하다고 할 수 있는 바벨피시(Babal fish)야말로 신의 부재를 증명하는 훌륭한 증거이다. 이 작은 생물은 우리의 귀 속에 머무르면서 우주의 어떤 언어든지 완벽하게 실시간으로 통역해준다. 바벨피시는 믿을 수 없을 만큼 유용하고 비현실적이기 때문에 분명

---

**7** 본래 체스터턴의 격언은 이렇다. "사람이란 신을 믿지 않는다고 신앙을 잃는 것이 아니다. 대신 아무것이나 신앙의 대상으로 삼기 시작한다."

지성을 가진 존재가 설계한 것으로 보인다. 이는 곧 신의 존재를 부정하는 증거가 된다. 신이란 어둡고 긴 영혼의 휴식시간을 유지하기 위해 신앙을 이용하지 논리에 따르지는 않기 때문이다.『히치하이커』시리즈의 2권인『우주의 끝에 자리 잡은 식당』에는 온 우주를 관장하는 인물이 나온다. 하지만 이 인물은 신이 아니다. 바람이 몰아치는 해변의 헛간 속에서 고양이와 함께 살며 정신적인 혼란을 겪고 있는 한 개인에 불과하다. 이 사람 역시 세상의 비밀에 대해서는 다른 존재들만큼이나 무지하다.

『히치하이커』시리즈는 저 아래 깊은 곳에서는 모든 사물이 보이는 그대로와 같지 않다는 인상을 아주 잘 표현하고 있다. 애덤스가 썼던 바대로, 1960년대 초반에는 NASA(National Aeronautics and Space Administration, 미국항공우주국)가 당시 기술로는 유인 달 탐사가 불가능하다고 결론 내렸다는 설이 지지를 얻고 있었다. 수백만의 사람들이(그중 일부는 아직도 그렇지만) 달 착륙은 가짜였으며 다른 세계의 지면을 먼저 밟는 경쟁에서 미국이 소련을 이겼노라고 전 세계 사람들을 속이기 위해 수십억 달러를 낭비했다고 믿었다.

1978년 이래로 특정한 과학적 가정과 유행이 번갈아가며 존경과 조롱거리의 대상이 되는 일이 종종 있었다. 이를테면 자포드와 포드, 그리고 보곤인[8]들이 사는 세계에서는 외계 생명체의 존재란 당연한 것이다. 반면 1970년대만 해도 영화상에서는 유행을 타고

---

8 셋 모두 『히치하이커』에 등장하는 인물과 종족이다.

있던 우주인이란 개념이 과학자들에게는 분명코 관심 밖의 일이었다. 생명이란 다른 것과 달리 아주 특별하다는 인식이 일반적이었다. 우주시대 초기의 고군분투는 먼지투성이의 달 표면이나 그보다는 조금 더 무언가 있음직했던 화성의 평원에서 아무것도 찾아내지 못했다. 천문학자 퍼시벌 로웰(Percival Lowell) 등이 주창했던 19세기의 비전, 즉 우주에 생명이 넘치고 있다는 시각이 모든 우주개발계획에 영향을 준 것만은 분명하다. 이 개발계획에 따라 바이코누르(Baikonur)와 커내버럴(Canaveral)⁹에서 급파된 우주인과 무인로봇들은 우리가 혼자라는 증거만을 더욱 안겨줄 뿐이었다. 과학자들은 1965년에 매리너 4호(Mariner 4)가 화성 상공에 도착한 사건을 두고 "크나큰 실망"이라고 표현했다. 과학자들도 운하와 오아시스가 있으리라던 로웰의 바람이 헛되다는 것은 알고 있었지만, 잃어버린 빅토리아풍 꿈의 흔적 정도는 기대하고 있었다. 화성의 공주야 없겠지만 이끼나 관목 정도는 있지 않을까?

그럴 가능성은 없어 보였다. 화성은 죽은 행성이었고 금성은 상상보다 더욱 지옥에 가까웠다. 애덤스의 외계인들은 당시의 생물학적 비관주의를 반영한다. 애덤스는 개연성 있는 외계인을 만들려 노력하지 않았다. 거의 모든 외계인은 인간형이며 이마가 우스꽝스럽거나 머리 모양이 기묘하다. 「스타워즈」나 「스타트렉」(Star Trek)에 등장하는 외계인들과 마찬가지로 극단적으로 과장해놓은 인간의 고뇌와 폭력성, 그리고 조악한 시적 재능과 정치활동 등을

---

**9** 각각 러시아와 미국의 우주개발기지가 있는 도시다.

조합한 것이 『히치하이커』의 외계인들이다.

　지난 20여 년 동안 외계인들은 일종의 부활을 겪었다. 우리는 생명이 절대 존재할 수 없을 것 같았던 지구의 극단적 환경 속에서 미생물들이 살아남을 수 있다는 사실을 발견했다. 이 '극한미생물'(extremophiles)은 심해의 구멍 주변에서 유황을 아침식사로 먹으며 외과의사가 수술도구를 소독하는 바로 그 고온에서 몸을 덥힌다. 화성 탐사선들이 최근에 가져온 결과들은 매리너 때보다는 덜 절망적이다. 1970년대 말까지 붉은행성[10]은 여기저기 분화구가 뚫리고 달 표면보다 먼지가 많으며 대기는 진공에 가깝고 기후는 남극에 준하는 장소였다. 오늘날의 우리에게 화성은 사멸한 강과 호수가 있으며 퇴적층과 생명이 발생할 수 있는 기반, 그러니까 지금 생명이 존재하지는 않더라도 한때 존재했던 기반이 있는 세계다. 매끄러운 얼음으로 얼룩져 있는 무성의 위성 유로파의 얼어붙은 표면 아래에는 거대한 해양이 존재할 가능성이 있다. 그 결과 이제는 저 칠흑 같은 외계의 심연 속에 미생물과, 어디까지나 가능성이긴 하지만 상상을 초월하는 짐승이 돌아다닐 수도 있을 것이라는 추측이 나오고 있다. 지금의 과학자들은 어느 곳에서든 생명의 존재를 찾아내는 것 같다.

　작고한 우주학자(Cosmologist) 칼 세이건(Carl Sagan)은 외계 생명체가 가장 본질적인 면에서 지구의 생물과 닮았음에 틀림없다는 '쇼비니즘'(chauvinism)에 대해 경고한 바 있다. 「스타트렉」은

---

**10** 화성을 가리킨다.

재치 있는 문구를 통해 이 사실을 의도적으로 환기시키고 있다. "짐, 저건 생명체야. 하지만 우리가 생각하는 것과는 달라." 그럼에도 불구하고 사람들은 광대하게 발전한 지구 문명의 컴퓨터 자원을, 비교적 소수에 불과하지만 상상력을 자극하는 방향으로, 우리와 마찬가지로 통신 능력을 가지고 있는 외계 문명을 찾기 위해 쓰고 있다. 유로파에 있는 미생물? 그건 좋다 지자. 하지만 SF에 전해져 내려오는 녹색 외계인들은? 외계 지성 탐사프로젝트인 SETI(Search for Extraterrestrial Intelligence)는 세계에서 가장 큰 전파망원경의 남는 시간과 전 세계 개인용 컴퓨터의 남는 자원을 활용하여 외계 문명이 보내고 있는 우주의 신호를 조사하고 있다.

더글러스 애덤스는 미래를 예언했을 뿐 아니라 만들어내기도 했다. 바벨피시는 이제 번역 웹사이트의 이름이자 세계 사이버 사전의 일부이기도 하다. 종종 번역의 결과가 배꼽을 뺄 정도로 엉망이기도 하지만 말이다. 『히치하이커』에 등장하는 '서브-에타넷'(Sub-Etha Net)은 우리가 인지하지 못하는 새에 우리의 삶을 이끌어가고 있는 방대한 인터넷과 섬뜩하리만치 유사하다. '인생, 우주 그리고 세상 만물'은 이제 펑크풍의 우주학자들과 새로이 등장하는 철학자들이 내세우는 상투적 어구이기도 하다. 애덤스는 대형 컴퓨터인 '숙고'가 주어진 수수께끼에 대한 답이 '42'라고 선언하는 장면을 통해 철학을 희생양 삼아 농담을 했다. 한편 1999년에 영국왕립천문학회(Britain's Astronomer Royal)는 우주를 여섯 개의 기수로 요약할 수 있다고 분명하게 기록했다.

과학기술 분야의 많은 부분은 애덤스가 상상한 대로 성공적이지 못했다. 애덤스의 대체 우주는 본질적으로 기술적 낙관주의의 장이다. 세상의 뒤편에서 거대한 컴퓨터들이 배비지(Charles Babbage)[11]가 자랑스럽게 여겼을 법한 계산 엔진처럼 조용하고 단순하게 돌아가고 있는 그런 우주이다. 애덤스는 행성 크기의 두뇌를 가진 기계가 아이들의 방 안에 들어앉아서 남색가나 포르노그래피와 접할 수 있게 해주는 세상을 상상하지 않았다. 그의 소설 속에서 우주를 탐사하는 것은 날아다니는 세탁기의 우아함을 고루 갖춘 우주선이나 중국산 자기 외장재를 바른 바로크풍의 위태위태한 왕복선이 아니다. 대신 크고 무시무시한 회색 우주선과 검고 늘씬한 순양함과 놀랄 만큼 화려한 우주판 람보르기니 뮤라, 즉 '순수한 마음호' 등이 눈 깜빡할 새에 은하를 가로지른다. 물론 애덤스가 이런 미래를 예견한 것은 25년 전의 일이다.

하지만 끝나려면 아직 멀었다. 이 놀라운 책 속에 담긴 많은 것들이 시간이 흐르면서 다시 끓어오르고 있다. 시간 자체를 예로 들어보자. 1970년대만 해도 시간여행(time travel)이란 근본적으로 터무니없는 개념이었다. 몇몇 용감한 영혼들은 아인슈타인(Albert Einstein)의 방정식이 그처럼 어이없는 일을 완전히 부정하는 것은 아니라고 과감하게 얘기했지만, 일반적인 물리학자들은 점잖게 헛기침을 하면서 시간여행이란 말도 안 되는 헛소리이며 판타지의 세계에나 위임해야 한다고 공언했다. 그 후에 폴 데이비스(Paul Davies), 킵 손(Kip Thorne), 스티븐 호킹 등의 연구가들이 등장해서 시공의 본질에 대해 곤란한 질문들, 즉 과거로 돌아가 할아버

---

**11** 프로그램 가능한 컴퓨터의 아이디어를 처음으로 창안했다.

지를 쏘거나, 심지어는 스스로가 자신의 할아버지가 되는 일이 정말 불가능한 것일까 등의 질문들을 던지기 시작했다.

지금의 물리학자들은 안락의자에 앉아서 그러한 시간여행에 필요한 요소가 무엇일까 가정하고 있다. 밀도가 높아 한 찻숟갈 부피가 항공모함만큼이나 무거운 중성자(neutron)나 펄서(pulsar)[12]의 구성물질로 만든 거대한, 회전하는 실린더, 사람을 찢어발기거나 벌거벗은 특이점을 동반하는 꺼림칙한 인과율 파괴로 개인을 공격하지 않을 만큼 멀리 떨어진, 온순하게 소용돌이치는 블랙홀 등이 그것이다. 그중에서 가장 기이한 것은, 물리학자들이 어떻게 하면 웜홀(wormhole), 즉 모든 시간과 모든 공간을 연결하는 시공의 관을 만들 수 있을까 진지하게 생각한다는 점이다. 기술적으로 본다면 불가능에 가까운 일이다. 100만 개 은하의 동력을 동원해야 하고, 목성을 서류가방에 넣을 정도로 물체들을 구겨 넣어야 하며, 대규모의 불꽃놀이를 할 때처럼 수십 개의 수소폭탄을 설치해야 한다. 반면에 실험실에서 레이저를 조작하는 것만으로 시간여행을 구현할 수 있다고 계산까지 마친 사람도 있다. 만약 그게 사실이라면 시간여행이란 '우주의 끝에 자리 잡은 식당'에서와 마찬가지로 쉬운 일일지 모른다(또는, 쉬운 일일 것이다. 시간여행을 언급하노라면 시공 방정식만큼이나 문법에 신경을 써야 한다).

아, 밀리웨이즈(Milliways)! 요식업계 역사상 가장 환상적인 발명품이여. 황폐한 행성 위에 자리 잡은 이 식당의 주위에는 우주

---

12 강한 자성을 띠며 회전하는 중성자별(neutron star).

종말의 불길이 타오르며 손님들에게 눈요기를 제공한다. 종업원들은 우주의 시간이 끝나갈 무렵에 (터무니없이 비싼) 주문을 받는다. "가스 불을 켜놓고 오지 않았나 걱정하기에는 이미 늦었습니다." 손님들이 듣게 되는 안내방송이다. 이곳에서 맞이하는 우주의 종말은 극적인 것으로 그려진다. 대미를 장식하는 것은 부풀어오른 최후의 초신성(超新星, supernova)[13]에서 들려오는 노랫소리이다.

아주 최근까지 시간은 태초의 대폭발을 거꾸로 돌린 것과 같은 폭발과 함께 끝날 것이라는 게 일반적인 생각이었다. 힘 중에서 가장 복잡하며 모든 방향으로 작용하는 중력(重力, gravitation)은 극심하게 팽창하던 우주 속에서 갑자기 우위를 차지하게 된다. 무한히 멀지는 않은 먼 미래에 빅뱅(Big Bang)[14]의 압력은 줄어들 것이다. 은하의 팽창은 탄력성 있는 끈에 묶인 것처럼 점점 느려지고 어느 순간 멈춘 다음, 반대로 무한히 가속하며 수축해서 빅크런치(Big Crunch)[15]에 수렴할 것이다. 아, 그리고 어느 시점엔가 하늘에서는 수십억 개의 태양에서 뿜어져나온 빛이 끓어오를 것이다.

현재 빅크런치이론은 힘을 잃었다. 아마도 그럴 것이다. 천문학자들은 다이어트요법이 무색할 정도로 까다롭게 우주를 살펴보았고, 계속해서 잘못된 수치들을 대입하고 있다. 우주는 팽창을 멈

---

**13** 진화의 마지막 단계에 이른 항성이 일으키는 폭발 현상.
**14** 시공의 시작점에서 벌어졌다는 대폭발.
**15** 빅뱅의 반대 개념으로 우주가 하나의 점, 하나의 특이성으로 수렴하는 사건을 말한다.

추기에는 너무 가볍다. 은하들은 계속해서 서로 멀어질 것이며 별은 태어나고 또 죽을 것이다. 그러다가 아주아주 멀지만 무한히 멀지는 않은 어느 순간 물질들이 부족해진다. 극한의 연료 위기 속에서 우주의 빛을 밝히는 핵폭발의 원료가 더욱 희귀해진다. 그리고 마지막으로 빛이 사라진다. 우주는 여전히 물질로 가득하지만 아주아주 어두워진다. 그 후 어느 순간부터 흥미로운 일은 단 하나도 발생하지 않는다.

우주 종족(우리뿐 아니라 베텔규스인, 보곤인, 골가프린치인 등 모두가 여기에 속한다)의 앞날에 놓인 것이 히에로니무스 보슈(Hieronymus Bosch)[16]가 최고조로 가라앉은 기분일 때 상상했던 것보다 훨씬 삭막한 영원이라는 사실은 잔인하다. 얼마나 잔인한고 하니, '전체를 조망하는 소용돌이'(Total Perspective Vortex)[17]의 희생자가 맞이하게 될 운명만큼이다. 이 고문기계의 희생자는 전 우주의 상상할 수 없는 무한함을 잠시 감상한 다음, 나노(Nano)[18] 크기의 점 속에 찍힌 나노 크기의 팻말을 보게 된다. 그 팻말에는 "네가 있는 곳은 여기다"라고 적혀 있다.

저명한 생물학자인 홀데인(J. B. S. Haldane)은 이렇게 말한다. "우주는 우리가 가정하는 것보다 더 기이할 뿐 아니라 우리가 **가정할 수 있는** 것보다 더욱 기이하다." 이런 느낌은 우주의 뚜껑을 잠깐이라도 열어봤던 사람들 모두의 의식 뒤편에 숨어 있다. 우주

---

**16** 네덜란드의 화가.

**17** 『히치하이커』에 등장하는 고문기계의 이름.

**18** 10억분의 1을 뜻한다.

는 거대하고 더할 나위 없이 기괴하다. 그것이 존재한다는 것 자체가 기괴한 일이다. 우리 같은 존재들이 진화를 거듭해 이처럼 말도 안 되는 질문들을 던질 수 있을 만큼 기괴하다.

이제 우리는 우주란 것이 더글러스 애덤스가 20여 년 전에 상상했던 것보다 훨씬 더 이상하다는 사실을 알고 있다. 우주란 매우 위험한 장소이다. 우주에 대해 알고 나면 밖에 나가기보다는 지구에서 안전하게 지내는 편을 택할 것이다. 그럼에도 불구하고 우주의 아주 작은 부분은 생명체가 살기에 완벽한 환경이다. 어떤 이들은 이와 같은 사실에서 숨은 의도를 찾아낸다. 다른 이들은 다중우주론(multiverse theory)이 제공하는 무수한 가능성 속에서 그 설명을 찾는다.

어쩌면 생명의 존재란 의도적인 것일지도 모른다. 어쩌면 신이 있으되 단지 장난을 치는 중인지도 모른다. 만약에 그렇다면, 우리는 신에게 사과를 해야 할지도 모른다.

# 2
## 외계인은 어디에 있을까?

**지구에 찾아와서 대대적으로 인사할 종족이 은하계에는 많았을 텐데,
왜 하필이면 그 중에서도 보곤인이었을까.**

포드 프리펙트는 호모 사피엔스와
다른 지성체의 애매한 첫 접촉(조금 비위생적이긴 하지만)이 있은 후
몇 분이 지나 그렇게 생각했다.

분명히 말해두지만, 저 바깥에는 살 만한 장소가 엄청나게 많다. 중간 크기에 해당하는 우리 은하계에는 2,000억 개가량의 항성들이 있으며 관측 가능한 우주 안에는 그보다 더 많은 수의 은하계가 있을 것이다. 2003년 7월 오스트레일리아에서 열린 국제천문연맹회의(International Astronomical Union)에서는 가장 최근에 산출한 우주 속 항성의 수가 700해(垓)라고 발표했다. 7 다음에 0이 22개나 붙는 골치 아픈 숫자다. 이는 예를 들어 그 전에 NASA가 발표했던 근사치인 10해보다도 많다(NASA가 비공식적으로 가정하고 있는 우주 속 항성 수는 '무한히 많음'이다). 심지어는 미국의 재정 적자보다도 많다. 아마도, 런던의 평균 집값을 세계 어느 나라의 통화로는 환산한 것보다 낳을지 모른다.

이 새로운 근사치에 의하면 눈에 보이는 우주 속 항성의 수는

지구상의 모든 해변에 존재하는 모래알 수의 총합보다 많다. 실제로는 훨씬 더 많다. 그리고 이 수치는 실제보다 훨씬 적음에 분명하다. 망원경으로 관측 가능한 범위 내의 항성만 다루었기 때문이다. 우주는 이 지평선, 그러니까 직경 270억 광년보다 훨씬 더 클 확률이 매우 높다. 공간은 우주의 탄생 초기에 빛보다 빠른 속도로 무한에 가까운 부피를 향해 팽창했다. 우주의 대부분은 아주 멀기 때문에 우리 눈으로는 절대 볼 수 없다. 게다가 이것은 또 다른 우주나 차원을 염두에 두지도 않은 이야기다. 한마디로 전부 모조리 크다는 얘기다.

생명체가 우리 지구처럼 안정적인 태양계에서 중간 크기의 안정된 항성 주위를 도는, 작고 바위투성이인 행성에서만 발생한다고 잠깐 가정해보자(무수한 비난을 듣는 가정이지만 그 문제는 뒤에서 다시 논의하자). 그래도 우리에게는 엄청나게 많은 우주 부동산이 남는다. 말하자면 플로리다나 크레타 섬에 위치한 모든 해변의 모래알 말이다.

1990년대 중반까지 다른 항성 주위를 돌고 있는 행성의 존재에 대한 추측은 널리 퍼져 있었지만 실제로 입증이 되진 않았다. 그 후로 가까운 항성 주위를 도는 '태양계 밖' 행성 150여 개가 발견되었다. 이 중 상당수는 지구의 '행성을 찾는 일반인들'인 캘리포니아 천문학자 제프리 마시(Geoffrey Marcy)와 폴 버틀러(Paul Butler)의 공적이다. 이 150여 개의 태양계 밖 행성 중 한두 개는 그 행성과 부모 항성과 우리가 일직선상에 놓인 덕에 발견할 수 있었다. 행성이 항성을 부분적으로 가리며 일으키는 빛의 변화, 즉 일식 현상을 관측할 수 있었기 때문이다. 나머지 행성들은 도플러분광 법(Doppler spectroscopy)이라는 간접적인 방법으로 발견되었다. 부모 항성은 거대한 행성의 중력 때문에 조금씩 요동치게 된다. 이로 인해 항성이 발산하는 빛의 파장이 변하며, 그 결과 항성이 우리에게 가까워지면 그 빛이 푸른색을, 멀어지면 붉은색을 띠게 된다. 여기서 대상들은 수조 킬로미터 떨어져 있는 데 비해 요동치는 거리는 몇백 킬로미터에 불과하므로 현대의 컴퓨터와 스펙트럼 분석기가 있어야 가능한 작업이다.

대부분의 태양계 바깥 행성은 거대하다. 목성과 비슷하거나 그보다 크다. 더 작은 행성도 있기는 하지만 찾기가 힘들다. 이 글을 쓰고 있는 동안 해왕성 크기의 행성을 발견했다는 뉴스를 들은 바 있다. 새로 발견된 항성계 중에는 아주 이상한 것들도 많다. 그것들 대부분에서는 거대 가스 행성이 수성과 태양 사이의 거리보다 훨씬 가까운 수백만 킬로미터 간격을 두고 항성의 주변을 돌고 있다. 이것 역시 현재 사용하는 행성 탐색 기술의 결과이다. 컴퓨터와 망원경이 발달하게 되면 천문학자들은 분명히 우리 태양계와 유사한 항성계를 찾아낼 것이다.

자, 이제 저 바깥에 수많은 항성이 있다는 사실은 알고 있다. 행성도 그만큼 많을 것이다. 수조 개, 수천조 개, 아니, 수백해 개. 그 대부분은 생명이 발생하지 못할 만큼 차갑거나 뜨거울 것이다. 하지만 그 중 수백만 개, 아니면 적어도 말리부 해변의 모래 수만큼만이라도 좋다. 편의상 1,000개의 항성계당 하나라고 치자. 아니,

100만 중 하나라도 상관없다.

그래서, 다들 어디 있는 것일까.

물리학자 엔리코 페르미(Enrico Fermi)는 1950년 로스앨러모스에서 점심시간을 틈타 동료 과학자들에게 앞서와 같은 역설을 제시했다. 우주가 사람들이 짐작하는 것보다 훨씬 더 크다는 사실은 분명해지고 있었다. 그동안 우리 은하계 내의 가스 구름이라고 생각했던 성운이 실은 은하계들의 집합이라고 천문학자들이 밝혀낸 것은 1920년대였다. 우주의 나이가 그때까지 생각하던 것보다 10배는 더 많은 수십억 살이라는 사실이 알려진 것도 비슷한 시기였다. 아무리 멀리 있는 항성과 행성이라도 그 구성물질은 우리 태양계와 비슷하며 그곳을 지배하는 물리법칙 역시 우리 것과 일맥상통한다는 사실은 1950년 이전에 알려져 있었다. 비록 그때까지 태양계 바깥 행성을 발견한 사람은 없었지만 논리적으로 볼 때 존재한다는 사실은 분명했다.

그 자리에 모여 있던 학자들은 이처럼 크고 오래된 우주라면 그 안에 생명이 넘치고 있으며 그 중 일부는 우리처럼 지성체일 거라는 사실에 의견 일치를 보았다. 이 중에는 수백만 년에서 수십억 년 된 기술문명을 만들어낸 지성체가 있음에 틀림없다. 그 가운데에 우주를 탐사하려는 의지나 수단을 가진 슈퍼 문명이 하나도 없다는 건 말도 안 되는 얘기다. 우리 은하계만 놓고 보더라도 수천, 아니 수만이나 수백만의 우주 여행자들이 있어야 한다. 그렇다면 다들 어디에 있는 것일까.

『히치하이커』의 첫 권에서 보곤인들이 도착하는 장면을 보면 많은 사람들이 이 의문에 대한 답을 어떤 식으로 생각하고 있는가를 알 수 있다. 이성적으로 생각할 때 저 바깥에는 수많은 외계인들이 살고 있다. 그럼에도 우리를 찾아오지 않는 유일한 이유는 우리에게 주의를 끌 만한 점이 없기 때문이다. 때가 되면 이목이 우리에게 향할 것이고, 그 결과는 극적일 것이다. 그 첫 외계인이 구역질나는 보곤인과는 전혀 다르기를 간절히 바라마지 않지만……

우주가 방음 처리라도 돼 있는 양 조용함에도 불구하고 그보다 더 많은 사람들이 이미 우주인의 존재를 느껴보았다고 생각하고 있는 것은 놀라운 일이다. UFO 가설들은 페르미가 제시한 역설에 대한 보편적인 답변 중 하나다. 하지만 유감스럽게도 해답은 되지 못했다. '비행접시' 목격담 중 진지한 검증을 통과한 것은 하나도 없다.

UFO 신봉자들은 '목격담 중 95%만이' 조작이거나, 달을 잘못 본 것이거나 다른 자연 현상이라고 당당하게 말한다. 하지만 나머지 5% 역시 모조리 조작이나 착각이었다. UFO 현상이 유행한 것은 1940년대 후반이었다. 당시의 사람들은 핵무기와 동서 대립 때문에 어느 때보다 예민했다. 세계가 순항을 멈추고 비틀거리면 사람들은 미스터리와 음모론에서 그에 대한 설명을 찾는 경향이 있다.

UFO가 없다는 깃을 증낭하는 일은 불본 물가능하다. 화성 표면에 사람 얼굴 모양의 조각상이 없다는 것을 증명하거나 아폴로에 탑승한 우주인들이 실제로는 달에 가지 않았다고 믿는 사람들을 설득하는 것 역시 마찬가지로 불가능하다. 하지만 목숨 걸고 달려드는 UFO 광신자들조차도 두어 개의 생생한 일화 앞에서는 잠깐이나마 머뭇거릴 수밖에 없다.

일반적으로 인정되고 있는 첫 번째 UFO 목격이 발생한 것은 1947년 6월 24일, 시애틀의 동쪽에 자리한 캐스케이드 산맥(Cascade Mountain)에서였다. 어느 면으로 보나 성실하고 착실한 사람이었던 공군 조종사 케네스 아놀드(Kenneth Arnold)는 이상한 은색 물체의 무리가 "접시(saucer)를 던져 물수제비뜨듯" 허공을 나는 모습을 보고는, 완곡하게 표현하자면, 어리둥절했다. 케네스는 그 물체들이 무언가에 썬 것처럼 움직였으며 순식간에 방향을 전환했다고 묘사했다. 케네스가 절대적으로 확신하는 것은 그 물체들의 생김새였다. 날개는 박쥐처럼 삼각형이었지만 구분 가능한 동체나 꼬리 날개는 없었다.

언론은 난리를 쳤다. 신문들은 그 물체들의 생김새보다는 어떻게 비행했는가에 더욱 중점을 두었다. "물 위로 통통 튀는 접시"라는 표현이 상상력을 자극했다. 후일 "비행접시"(flying saucer)로 유명해진 물체들은 이렇게 해서 탄생했다.

케네스 아놀드는 단 한 번도 비행접시를 보았노라고 단언한 적이 없다. 그는 박쥐 모양의 물체를 보았으며, 그 물체는 접시를 던져 물수제비뜨는 것처럼 날았노라고 했을 뿐이다. 그 결과는? 신문들이 아놀드의 근접 조우에 관해 잘못 보도한 후 수백 명의 사람들이 하늘을 나는 이상한 물체들을 목격하기 시작했다. 물론 이 사실이 모든 목격자가 거짓말을 했다거나 착각을 했다거나 접시

모양의 환영을 목격했다는 증거는 아니다. 누군가가 박쥐 모양의 UFO를 보았노라고 했고, 우연히도 비행원반을 목격한 셈이 되어 유명해졌으며, 그 직후 어디까지나 우연의 일치로 다른 행성/차원/시간대(적절한 것을 고르기 바란다)에서 날아온 원반 모양의 우주선들이 지구를 습격했을 수도 있다. 그럴 가능성도 아주 없는 것은 아니지만, 자, 솔직히 얘기해보자. 그런 일은 일어나지 않았다. 비행접시란 존재하지 않는 것이다.

악명 높은 로스웰(Roswell) 사건은 언급할 가치조차 없다. 간단하게 말해서, 기상 관측용 기구가 1947년 7월에 뉴멕시코에 추락한 것이 전부였다. 뭐, 아닐 수도 있지만. 확실히 말할 수 있는 것은, 다른 세계에서 날아온 신비로운 삼각형 비행 물체가 추락했으며 누군가가 아직 그 기체를 비밀 격납고에 보관해두고 기술을 복제하고 있는 것은 아니라는 얘기다(누가 그런단 말인가? 미국국방성 [Pentagon]이? 그렇다면 F-16 전투기는 왜 아직도 마하17로 비행하지 못하는가?). 상형문자도, 다른 세계의 금속도, 빈사 상태의 외계인이나 해부해놓은 시체도 존재하지 않는다. 한마디로 말해 로스웰 음모론은 헛소리이다. 너무 엉성해서 재고할 여지도 없다. 그보다 훨씬 흥미로운 것은 영국판 로스웰인 렌들스햄(Rendlesham)에서 벌어진 사건이다.

1980년 12월 27일의 한밤중에 미국공군(US Air Force) 기지가 자리하고 있는 서퍽 주의 렌들스햄 숲 깊숙한 곳에서 아주 기묘한 일이 벌어졌다. 일단의 비행사들이 밤안개 속에서 무언가를 보았고, 20여 분간 실낭을 찾지 못한 것이다. 다른 말로 하자면 5%에 속하는 사건이다. 이 사건은 진짜 외계인과의 근접 조우인 것 같왔다. 그것도 흔한 1종일 뿐 아니라 2종 근접 조우 말이다. 물리적인 증거가 발견된 것이다. 헌병인 존 버로스(John Burroughs)와 버드 스테판스(Bud Steffans)는 따분하고 지친 상태에서 공군 기지의 뒷문을 지키고 있다가 하늘에서 이상하게 번쩍거리는 불빛을 보았다. 그들의 보고에 따르면 문자 그대로 빛의 쇼가 안개 속을 가로질렀다. 청, 적, 녹의 불빛들이 깜빡거렸고 무시무시한 고음의 전기적 잡음이 들렸다. 이때는 1980년이었다. 스티븐 스필버그(Stephen Spielberg)가 1977년에 제작한 UFO 관련 대작 「미지와의 조우」(Close Encounters of the Third Kind)가 사람들의 기억 속에 아직 생생하던 때였다. 그날 벌어졌다는 광경은 스필버그의 영화에서 외계인의 모선이 착륙하던 장면과 무척 흡사하다. 착륙 장소에서 무작위적으로 번쩍거리던 빛과 크게 울리던 합성음까지 말이다.

버로스와 스테판스는 당연히 혼란에 빠졌다. 두 사람은 그 물체가 비행접시일 수도 있고 헬리콥터나 곤경에 빠진 비행기일 수도 있다고 결론을 내렸다. 둘은 이를 기지에 보고했고, 10여 명의 동료들이 밖으로 뛰쳐나와 숲으로 향했다.

이 시점부터 목격담은 제각각이다. 당시 기지 부사령관이었던 찰스 홀트(Charles Halt) 중령은 부하들의 증언을 이렇게 전한다. "숲속에 이상한 빛을 뿜는 물체가 있었다. 〔……〕 금속 재질에 모양은 삼각형이었고 하단부의 직경은 2~3m였으며 높이는 2m가량 되었다. 거기서 뿜어져 나오는 찬란한 빛이 숲 전체를 밝혔다. 꼭대기에는 붉은빛이 맥동했으며 그 아래에는 푸른빛들이 줄지어 있었다. 허공에 떠 있었는지 지지대가 있었는지는 분명치 않다.

그 물체는 순찰병이 다가가자 나무 사이로 곡예비행을 하더니 사라졌다." 홀트가 무난하게 "정체불명의 빛"이라고 이름 붙인 보고서는 그 후 UFO학(UFOlogy)의 신성한 문서로 남았다.

물론, 아주 완벽한 설명도 가능하다. '골칫거리들'이 그것이다. 포드 프리펙트의 설명에 의하면 골칫거리들은 보통 할 일 없는 부잣집 아이들이다. 이 녀석들은 외계인과의 접촉 경험이 없는 행성을 찾아 돌아다니다가 인적이 거의 없는 외진 곳을 찾아낸 다음 얘기 들어주는 사람 하나 없는 순진한 희생양에게 다가가 착륙한다. 그러고는 유치하게 생긴 촉수를 머리에 뒤집어쓰고 삑삑 소리를 내면서 뽐낸다.

냉전 중 영국에 위치한 미국공군 기지의 중령은 이런 골칫거리들에게 농락당할 만한 사람은 아니었다. 홀트는 취하거나 흥분한 상태도 아니었으며 마음속의 어머니 지구와 교감하며 속세를 거부하는 지구의 자식도 아니었다. 다른 식으로 표현하자면 홀트는 일상적으로 비행접시를 목격하는 그런 종류의 사람은 아니었다. 개인적으로 홀트를 만나본 적은 없지만 '군인 머리'라던가 '헛소리 마', '우주선 같은 소리 하네' 따위의 말이 떠오른다. 따라서 홀트의 보고 내용은 중요하다.

홀트는 존 버로스와 짐 페니스턴(Jim Penniston), 그리고 에드 캐번색(Ed Cabansag) 세 사람의 증언에 주목하고 있다. 이 셋은 모두 상형문자 같은 도안이 그려져 있는 금속 기체가 숲속으로 사라지는 것을 보았다고 증언했다. 지금의 페니스턴은(현재 인적 자원 관리자로 일하고 있다) 그 물체를 만져보았다고 주장한다. 페니스턴은 이렇게 말한다. "어디서 온 건지 알 수 없는 기체였어요. 삼각형이었죠. 제가 보기에 사람은 타고 있지 않았어요." 그 정체불명의 빛들은 다음날 밤에도 찾아왔다. 이번에는 그것들을 보기 위해 홀트 중령이 직접 나섰다.

이제 얘기는 점점 미궁 속으로 빠진다. 가이거계수기(Geiger counters)와 높은 방사능 수치, 그리고 지면에 새겨진 이상한 자국이 등장한다. 이들 모두는 공식적인 기록에 남아 있다. 그리고 이 조종사들의 보고서를 보관하고 있는 영국방위부(British Ministry of Defence) 조사단은 그날 렌들스햄에서 일어났던 사건이 지역 안보에 어떤 위험도 끼치지 않았다고 결론 내렸다. 방위부는 그날 비정상적인 일이 벌어진 것은 인정하지만 그 원인에 대해서는 아무 결론도 제시하지 않고 있다.

소문은 금세 퍼졌다. '상부'에서 외계인과 지구인의 접촉 사실을 은폐하기 위해 온갖 권력을 동원하고 무슨 일이든 불사한다는 것은 UFO학의 교의이다. UFO 신봉자들은 가장 유명한 목격담이 대중에게 알려지는 데 몇 시간에서 며칠밖에 걸리지 않는다는 사실은 무시하고 있다. 그 발생지가 비밀이 넘치는 미국공군 기지였는데도 말이다. 어쨌든 랜들스햄은 UFO 활동의 명소가 되었다. 신문에 기사가 오르고 책도 나왔다. 렌들스햄은 23년 동안 UFO계에서 가장 높은 지위를 차지했다. 그리고 평행차원(parallel dimension)과 은하 간 우주통로(intergalactic stargate), 심령장(psychic field)의 왜곡 같은 설명들이 뒤를 이었다. 심지어는 시공연속체의 소용돌이를 꺼낸 사람도 있었다.

그리고 2003년에 케빈 콘드(Kevin Conde)가 등장했다. 케빈은 렌들스햄에 나타났던 UFO가 당시 알려진 것처럼 빛의 속도를 훨씬 넘어 진공을 가로지르는 은하 간 우주선이나 다른 우주로 통하는 관문이 아니라는 사실을 밝혔다. 아서 C. 클라크의 표현을 빌려, 마법과 구분되지 않을 만큼 기술이 앞선 미래와 대처 수상의 영국을 연결하는 타임머신은 더더욱 아니었다.[19] 그 물체는 최고 시속 150km를 자랑하는 1979년형 플리머스 볼레르 자동차였다. 제너럴모터스의 최고 기술자들은 우주선 엔터프라이즈호를 본 딴 그럴듯한 모형을 만든 바 있다.

케빈은 1980년 당시 랜들스햄에서 근무하고 있었다. 그는 해당 지역을 담당하던 헌병이었다. 누구나 상상할 수 있듯 지겨운 업무였다. 서퍽 일대는 한창 좋은 시절에도 밤중에 아무런 일이 일어나지 않았으니 1980년에야 두말할 나위도 없었다. 그래서 케빈은 장난을 치자고 마음먹었다. 자기 차의 헤드라이트에 녹색과 빨강색 테이프를 붙였다. 차 지붕에는 전등을 덕지덕지 붙였다. 확성장비를 구해서는 왕왕거리며 울리도록 조작까지 한 케빈은 장난이 완벽해질 수 있도록 안개가 짙게 끼는 밤을 기다렸다. "뒷문을 지키는 친구가 있었는데, 이 친구가 좀 문제덩어리였죠." 현재 IT업계에서 종사하는 케빈은 자택에서 나에게 이렇게 얘기했다. "항상 이상한 걸 본다고 자처하는 친구였어요. 이전에도 불빛을 봤다고 보고를 올렸죠. 결국은 별이나 그런 것들이었어요. 그래서 좀 그럴듯한 장난을 쳐보자고 결심했죠. 딱히 다른 의도는 없었어요."

---

**19** 아서 C. 클라크는 'Profiles of The Future'에서 "어떤 기술이든 충분히 발달하면 마법과 구분되지 않는다"라고 말한 바 있다.

"유도로로 차를 몰고 갔죠. 빨강과 초록 렌즈를 붙인 탐조등을 차에 설치했어요. 그러고는 확성기를 켜고, 불을 껐다 켰다 하면서 안개 속을 뱅뱅 돌았어요. 그냥 그럴듯한 장난이었죠. 다들 그렇게 하잖아요. 그 후에 불을 전부 끄고 도망쳤어요."

랜들스햄 사건의 진상은 이렇다. UFO는 장식을 단 순찰차였다. 케빈은 귀향한 후 이 사실을 까맣게 잊고 있다가 1992년 미국군 웹사이트에서 자신이 근무했던 기지를 찾아보았다. 그리고 깜짝 놀랐다. "어이가 없었죠. 그렇게 말도 안 되는 소동이 생길 줄은 몰랐어요. 논리적으로 생각해보죠. 지구에서 생명이 진화했다면 다른 데서도 그럴 수 있잖아요. 마찬가지로 논리적으로 따져보자구요. 다른 곳에서 진화한 생명체가 비행접시를 타고 돌아다니다가 영국 시골의 인적도 없는 군 기지 근처에 착륙하겠어요? 비아냥거리고 싶진 않지만, 그 사건을 가지고 돈을 버는 사람들을 보고 있자니 이런 생각이 들더군요. '사람들 전부 바보 아냐?'"

사람이란 바라는 것을 보게 마련이다. 기억이 변덕스럽다는 것은 널리 알려진 사실이다. 나중에 생각해낸 줄거리와 관련지어 온갖 상상의 사건들을 끼워 맞추는 것은 어렵지 않다. 랜들스햄의 사람들이 세 발 달린 우주선의 환상을 본 사건은 그렇게 설명할 수 있을 것이다.

저 바깥 우주에 아무도 없다는 사실이 분명해진다 하더라도 이미 하나의 개념이 만들어져 있기 때문에 비행접시를 봤다는 목격자들은 계속 나올 것이다. 흔히 말하듯 의심스러운 추산이긴 하지만 미국에서만 300만에 달하는 놀라운 수의 사람들이 외계인에게 납치당해서 우주선에 끌려간 다음 강제적으로 하반신에 차마 입에 담기 거북한 일을 당했다고 믿고 있다. 이처럼 희생양이라고 자처하는 사람들은 대개 무슨 일을 당했는지 기억하지 못한다(일반적으로 납치된 사람들은 여성이다. 희생자가 남성인 경우는 적으며, 그럴 경우 외계인들은 대개 눈길을 끄는 여성의 모습으로 위장해서 접근한다). 언제나 한참 시간이 흐른 후 '갑자기' '기억'하거나 최면술에 의해 그 '기억'들을 '되찾는다'. 정말 신기한 일이다. 외계인 납치설에 대해 더 많이 알게 될수록 당신은 인류의 미래에 대해 걱정하지 않을 수 없을 것이다. 하지만 당신도 알다시피, 인생이란 별의별 일이 다 벌어지는 장이다.

2003년, 영국개방대학교(Britain's Open University)의 물리학자인 스티븐 웹(Stephen Webb)은 페르미의 역설에 대한 해결책 50가지를 상세히 다룬 책을 펴냈다. 이 책에서 스티븐 웹은 UFO를 제외한 나머지 용의자들을 총망라하고 있다. 그 중에는 '동물원시나리오' (zoo scenario) 또는 우주격리이론(galactic quarantine theory)이라는 것이 있다. 우리가 일종의 환경보존 대상이 되어 아무도 우리를 찾아오지 않는다는 것이다. 하지만 우리가 아마존과 뉴기니에 살았던, 지금은 사라진 소수 종들을 '빅브라더'(Big Brother)나 질병으로부터 보호하기 위해 그토록 노력했음에도 불구하고 대부분 실패했다는 사실을 상기해본다면 우주에 존재하는 수많은 생명체들이 모두, 영원히 규칙에 철저히 따르리리고는 생각하기 어렵다. 게다가, 무엇하러 자신들의 존재를 비밀에 부쳐야 하는가? 우리 인간들도 쥐나 흰개미에게서 모습을 감추지는 않는다. 나는 이 주장에 동의할 수 없다. 물론 웹도 마찬가지였다.

우주가 지적 존재에 의해 만들어진 환상에 불과하다는 '플라네타리움가설'(planetarium hypothesis)에 기반을 둔 해답도 몇 있다. 혹자는 신이라고 부르고 싶어 할 이 지적 존재들이 외계인이란 것을 만들지 않았기 때문에 외계인은 존재하지 않는다. 자포드 비블브록스는 강제로 '전체를 조망하는 소용돌이'(11장 참조) 속에 들어가면서 이와 같은 플라네타리움을 체험한다. 신적인 존재들은 왜 이런 짓을 하는가? 그럴 능력이 있기 때문이다. 웹은 검증할 방법이 없다는 이유로 이 가설 역시 기각한다.

페르미의 역설에 대한 또 다른 해답은 지적 생명체가 멸망했다는 것이다. 지각능력이 기술을 발달시키면 두뇌용량이 커진 생명체의 결말은 안 좋게 마련이다. 우리가 지난 몇십 년 동안 열광적으로 핵전쟁에 매달렸다면 우리 문명과 종 전체를 끝장내기는 그리 어렵지 않았을 것이다. 그렇게 되지 않았던 것은 우리가 올바르게 판단을 내려서라기보다는 행운에 가까웠다. 우리는 아직 미개함을 완전히 탈피하지 못했다. 하지만 ET[20]들이 원자를 쪼개고 얼마 안 있어 항상 자멸한다는 발상은 우울할뿐더러 설득력도 없다. 공격성이 인류의 특성 중 하나라고 해서 모든 지성체들이 그러라는 법은 없다. 그렇지 않은가?

그보다 그럴듯한 것은, 지성체가 최후에 인공지능을 만들어 후

---

**20** Extra-Terrestial, 외계인.

계자로 삼았건만 이 후계자에게는 우주를 탐험하고자 하는 욕구가 없다는 것이다. '숙고'처럼 뇌가 행성만 한 컴퓨터는 그저 한자리에 앉아 기념비적인 문제에 대해 영원히 고찰할 뿐이다. 우주를 헤매고 다녀야 한다는 강박관념은 지성 종족이 젊은 시절 잠깐 겪는 변덕 같은 것인지도 모른다.

하지만 기계가 우리의 충실한 하인으로 남아 있는 한 방구석에 틀어박힌 컴퓨터는 등장하지 않을 것이다. 이처럼 평화로운 시대라면 적절한 로켓식 추진기술을 이용해 은하 전체를 탐험하는 데 수백만 년 정도면 충분할 것이다. 자동화된 자기복제형 기계들의 함대를 여러 행성들에 보내서 교두보를 확보하고, 탐험하고, 근처 자원을 이용해 자신의 복제를 만든 다음 새로운 지역을 찾아가도록 할 수도 있다.

우주에는 발바닥이 근질거리는 외계인들이 넘치고 있지만 단지 지구까지 찾아올 능력이 아직 없는 것뿐인지도 모른다. 항성 간의 거리는 놀랄 만큼 멀다. 시속 40,000km로 지구를 출발한 아폴로 우주인들이 달에 도착하는 데에만도 며칠이 걸렸다. 동일한 속도로 가장 가까운 항성에 도달하자면 수만 년이 걸릴 것이다. 우주의 광대함을 느끼기 위해서는 런던의 사우스서큘라대로(South Circular road) 근처에서 크리스마스 푸딩 주위를 돌고 있는 당구공의 입장이 되어 생각해보는 것이 편하다. 실망스럽겠지만 태양이 넬슨기둥(Nelson's Column) 꼭대기에 얹어놓은 자몽이라고 가정해볼 때 우리는 국립미술관(National Gallery) 안에 있는 선물 가게 근처를 날고 있는 산탄 총알이다. 그리고 가장 가까운 항성인 프록시마센타우리(Proxima Centauri)[21]는 크레타섬 해변에 있으며 우리 은하의 중심은 화성과 지구의 중간쯤 어딘가에 있다.

이러한 거리에도 불구하고 수많은 기술자와 과학자들은 다른 항성에 도달하는 것이 수월하지는 않아도 가능은 하다고 믿는다. 모든 자원을 쏟아붓는다면 수십 년 안에 우주선을 만들 수 있을 것이다. 조잡한데다가 끔찍하게 비싸겠지만 적어도 목적은 달성할 수 있을 것이다. NASA는 1960년대에 핵폭탄을 동력원으로 하는 우주선 건조에 대해 연구했다. 이 오리온프로젝트(Orion project)는 누군가가 총으로 가득한 목제 모형을 만들어 내놓을 때까지 한 편에서 썩고 있었다. 케네디 대통령은 이 '데스스타'(Death Star)[22]를 보더니 하얗게 질려서는 그 자리에서 프로젝트를 취소시켰다. 이론뿐이긴 했지만 40년 전에 오리온프로젝트를 통해 다른 항성에 갈 수 있었다면 우리보다 1만 년이나 수백만 년쯤 앞선 외계 문명은 스위치 하나를 켜고 끄는 것만으로 동일한 목적을 달성할 수 있었을 것이다.

페르미의 역설에 대한 설명 중 사람들이 선호하는 것은 우주인이 없기 때문에 그에 관한 증거를 찾을 수 없다는 풀이다. 혹은, 존재하는 외계 생명체의 수가 극히 적거나 상상을 초월할 만큼 멀리 있기 때문에 안개 낀 밤이건 아니건 절대 만날 수 없다는 것이다. 스티븐 웹은 외계인이란 없다고 결론을 내린다. 저 바깥에 수많은 생명체들이 있을지도 모르지만 우주선이나 전파망원경을 만

---

**21** 켄타우루스자리의 삼연성계 항성 중 태양으로부터 가장 가까운 거리에 있으며, 지구로부터의 거리는 약 4.3광년이다.

**22** 영화 「스타워즈」에 등장하는 행성파괴용 거대 병기.

들 만큼 충분하지는 않다는 것이다.

지질학자인 피터 워드(Peter Ward)와 천문학자인 도널드 브라운리 (Donald Brownlee)는 지구가 평균적인 행성과는 동떨어진, 아주 특별한 행성이라고 강력하게 주장한다. 두 사람은 공동 저서인 『특별한 지구』(*Rare Earth*)를 통해 지구의 환경이 거의 유일무이한 조합이며, 그 결과 오랜 시간이 지나면서 외계 문명과 성간(星間)여행을 진지하게 생각할 만큼 지성이 높은 생명체(즉 우리들)가 탄생했노라고 말하고 있다.

우선 우리 행성은 천문학자들이 말하는 '금속', 즉 '핵이 수소나 헬륨보다 무거운 모든 원소'가 풍부한 항성 옆에 자리하고 있다. 지구가 형성된 곳은 은하계 중 안정적인 지역이며, 흉악한 블랙홀들로부터 멀리 떨어진 곳이고, 근처의 초신성이 끼치는 악영향을 받지 않을 만큼 텅 빈 공간이다. 우리 은하계를 포함한 모든 은하계에는 생명이 태어나는 데 도움이 되는 항성계가 없는 지역도 있다. 은하 중 생명이 살 수 있는 곳은 두께가 1,200광년 정도 되는 얇은 원반 모양의 구역이다. 이 구역에서는 오랜 세월에 걸쳐 항성이 만들어지고 있으며 그 재료는 전 세대의 태양들이 남겨놓은 재활용 가능 물질들이다. 항성에서, 혹은 항성 폭발 중에 흩어져버린 항성 찌꺼기들에서 만들어진 무거운 원소(금속)들이 행성과 생명을 만드는 데에 유용한 재료가 되는 것이나. 우리 은하세에서 생명이 살 수 있는 지역은 대략 은하계 내 항성 수의 4분의 3을 차지한다.

우리 태양은 수소를 연료로 하는 단일 항성으로, 80억 년이 넘는 생명을 이어올 만큼 안정적이다. 지구는 대기를 붙잡아둘 만큼 충분히 크며, 또한 가스를 단단히 움켜쥐고 있는 가스 거성(巨星, gas giant)과 달리 원시 수소를 내보낼 수 있을 만큼 충분히 작다. 또한 지표수가 충분해 대양이 만들어졌고 해양 생화학 작용이 발생할 수 있었으며 가장 중요한 지각의 판구조가 형성될 수 있었다. 태양계에서 우리 지구와 가장 유사한 두 행성인 화성과 금성은 우리가 아는 한은 황폐하다. 지표의 재순환, 즉 융기와 침식으로 생겨나는 기후 안정 효과가 부족하기 때문이다. 화성의 내부 열은 너무 빨리 빠져나가서 부서진 지각이 판을 형성하지 못한다. 금성에는 물이 부족하기 때문에 행성 규모의 재포장 공사가 간헐적으로 일어난다. 즉 생명체가 발생하기에는 좋지 않은 환경이다.

또 하나의 요소가 있다. 지구의 물은 적당량이다. 수중세계는 진화가 이루어지기에는 좋을 수 있지만 우주여행이 발달하기에는 어려운 곳이다. 돌고래는 영리한 동물이지만 스패너를 다루지 못하는 그들이 우주에 나가기란 어쩌면 불가능하기까지는 않을지라도 매우 힘든 일이다(초지성의 문어라면 그다지 문제가 없을지도 모르겠지만 말이다).

우리의 행운은 여기서 끝나지 않는다. 지구는 덩치 큰 수문장인 목성과 토성, 그리고 그 둘의 솜씨 좋은 중력적 방어 덕분에 혜성 및 거대 운석과의 충돌을 대부분 피할 수 있었다. 만약 지금보다 더 많이 두들겨 맞았다면 생명이 발생했다 한들 미생물 이상으로 진화할 수 없었을 것이다. 가장 중요한 점은 동물과 육상식물이 발생한 이래 6억 년 동안 생태계를 황폐화시킬 만큼의 충돌은 없었다는 점이다. 6,500만 년 전, 지금의 멕시코 지역에 시속 50,000km로 날아온 지름 10km 크기의 운석이 충돌하면서 공룡시대를 단숨에 끝장냈음을 암시하는 증거가 있기는 하다. 그러나 이와 같은 격변도 지구에서 살아남으려는 생명의 기세를 꺾지는 못했다.

무엇보다 주목할 만한 것은 바로 우리가 육중한 위성을 가지고 있다는 사실이다. 달은 태양계 내 다른 지구형 행성[23]들의 위성과 매우 다르다. 수성과 금성에는 위성이 없다. 화성의 위성인 포보스와 데이모스는 자갈에 불과하다. 명왕성[24]의 위성인 카론[25]만이 무거운 편에 속하지만 명왕성은 생명체의 입장에서 볼 때 (아마도) 얼어붙은 사지나 마찬가지다. 달의 기조력은 지구의 회전을 안정화시켰다. 기조력이 없다면 지구가 태양의 주위를 요동함에 따라 기후가 극단적으로 변해 빙하시대와 불타는 열기가 반복적으로 찾아올 것이다.

워드와 브라운리는 이 모든 요소가 합쳐진 결과 동물이 거의 존재하지 않거나 멸종된, 비교적 텅 빈 우주공간에 특별한 형태의 행성이 탄생했다고 주장한다. 지구에 동물이 산 기간은 전체 지구

---

**23** 태양계의 행성은 크게 지구형과 목성형으로 나뉜다. 지구형 행성은 수성·금성·지구·화성이며 규산염 암석을 주성분으로 하고 표면이 고체다. '내행성'이라고도 한다.
**24** 국제천문연맹(International Astronomical Union)은 2006년에 명왕성을 태양계의 행성에서 제외했다.
**25** 카론 역시 현재는 명왕성의 위성이 아니라 명왕성과 동등한 지배력을 행사하는 태양계 내 천체로 분류하고 있다.

의 역사 중 비교적 긴 7분의 1 정도이지만 지능을 가진 동물이 등
장한 것은 고작 15만 년 전이라는 사실을 잊지 말아야 한다. 지구
전체 수명 중 24,000분의 1에 불과한 기간이다. 인류가 별에 관심
을 갖기 시작한 것은 잘해야 수만 년 전일 것이며 별의 주위를 도
는 물체 때문에 골치를 썩고 우주여행과 전파를 주고받을 수 있는
수단을 발견한 것은 전 지구 역사의 4,500만분의 1에 해당하는
100여 년 동안 일어난 일이다.

그럼에도 불구하고 우리 태양계 안에는 단순한 생태계가 진화할
수 있는 후보지들이 몇몇 존재한다. 영국행성간협회(the British
Interplanetary Society)의 리처드 테일러(Richard Taylor)는 달에도 생
명체가 숨어 있을지 모른다고 말한다. 월면인은 없을지 몰라도 땅
속 깊숙이 있을지 모르는 축축한 구멍 속에서 박테리아가 증식할
가능성이 있다는 것이다.

　화성 지하의 암석에는 박테리아형 유기체들이 서식할 수도 있
다. 목성의 위성인 유로파의 표면에는 25km 두께의 빙판이 덮여
거대한 염수의 바다를 보호하고 있다(한 세대 전의 보이저호가 보낸
정보에 의해 그 존재가 예견되었다). 1990년대 후반 우주선 갈릴레오
가 발견한 유로파해(海)는 지금까지 발견한 외계 생명체 발생 후
보지 중 가장 유력한 곳이다. 토성의 위성인 타이탄도 있다. 타이
탄은 웬만한 행성 크기의 위성이며 그 표면에는 얼음과 탄화수소
가 뒤섞인 바다·강·호수들이 있다. 대기는 40억 년 전의 지구와

유사하되 얼어붙어 있으며, 그 안에는 복잡한 유기화합물들이 가득하다. 타이탄의 이른바 호수나 바다 속에 메탄대사형(methane-metabolizing) 괴물들이 득시글거릴 것 같지는 않지만, 그렇다고 완전히 불가능한 일은 아니다.

칼 세이건이 말했듯이, 생명에 대한 우리 인류의 쇼비니즘은 여전히 약해지지 않았다. 많은 SF작가들은 외계인이 우리와 비슷하게 생겼을 거라고 상정한다. 하지만 꼭 그래야 할 이유는 없다. 그렇다. 진화는 서로 다른 시대에 서로 다른 물질들을 바탕으로 몇몇 매우 유사한 신체 설계도를 선보였다. 현대의 돌고래와 공룡시대에 바다 속에 거주하던 유선형 해양파충류인 메소조익 익시오소어(Mesozoic Ichthyosaur) 간의 놀랄 만한 유사점이 좋은 예이다. 둘의 외양이 같은 것은 그들의 신체가 같은 일, 즉 빨리 헤엄치고 물고기를 잡는 일을 하기 때문이다. 서로 다른 곳에서 발생한 지적 생명체가 어느 정도 비슷한 신체 설계도에 의거해 만들어질 수도 있다. 하지만 바퀴형 생명체나 촉수형 등 모든 종류의 가능성을 상상하는 편이 훨씬 쉬울 듯하다.

지적 생명체가 반드시 육상에서 진화할 것이라는 생각 역시 또 다른 쇼비니즘이다. 이 역시 반드시 그럴 필요는 없다. 당장 지구에서(『히치하이커』에서도 마찬가지지만) 두 번째로 지능이 높은 종은 아마 병코돌고래(bottle-nosed dolphin)일 것이다. 수중에서는 도구를 사용하는 지능이 발달하기 어려우며 따라서 전파망원경을 만들고 외계인의 존재를 고찰하기도 힘들다고 주장하는 사람도 있다. 가상 지능이 높은 해양생명체라고 해도 천문학을 발달시키기 위해서는 아주 긴 시간이 필요할 것이다. 하지만 완전히 무시할 수는 없다. 커다란 육상생물이 뼈다귀와 부싯돌을 집어들고 뉴욕과 세계대전, 그리고 BBC를 만들어내기까지는 수억 년이 걸렸다.

생명이란 행성 표면에서만 태어날 수 있다는 생각 역시 선입견이다. 자율적으로 에너지를 이용하며 자신을 복제하는 시스템은 행성 표면뿐 아니라 어디서도 발생할 수 있다. 세이건은 일반적인 생명체뿐 아니라 지적 생명체 역시 행성의 내부에서 살아갈 수 있다는 가설을 세웠다. 1976년, 세이건은 목성의 상층 대기에서 거주 가능한 유기체의 세 가지 형태를 제시했다. 하강체와 부유체, 그리고 수렵체가 그것이다. 하강체는 자유롭게 날아다니는 암모니아 생물로 지구의 플랑크톤과 흡사하다. 부유체는 대체적으로 어류와 비슷하며, 수렵체는 수 킬로미터의 크기에 육식으로 살아가는 거대 유기체이다.

목성에 생명체가 존재한다는 생각이 터무니없게 들린다면 이건 어떨까. 미시간대학교의 물리학자인 프레드 애덤스(Fred Adams)는 먼 미래에 블랙홀과 암흑물질, 기이한 양자체들에 기반을 둔 생명체가 탄생할 것이라는 가설을 세웠다. '생명'이란 아주 드물 수도 있지만 모든 곳에 존재할 수도 있는 것이다.

우리는 생명체가 우리처럼 생겼으며 우리처럼 살아간다고 가정하는 것도 모자라서 우리와 같은 방식으로 소통한다고 생각한다. SETI프로젝트—그 본부는 캘리포니아의 마운틴뷰(Mountain View)에 위치한다—는 외계 지성 존재의 단서가 되는 전파신호를 찾기 위해 하늘을 조사한다. 다른 곳을 살펴봐야 한다고 주장하는 과학자도 있다. 아서 C. 클라크가 쓴 단편『파수』(*The Sentinel*)—1968년도 영화인「2001: 스페이스오디세이」(2001: Space Odyssey)의 원작이다—에서 외계 지성들은 인공물, 즉 정체를 알 수 없는 돌기둥을 남겨놓는다. 칼 세이건의 1984년 작품 『콘택트』(Contact)에서는 초월수(數)[26] 속에 외계인의 메시지가 숨어 있다. 기발함으로 치자면 천체물리학자인 폴 데이비스의 의견이 독보적이다. 폴 데이비스가 「뉴사이언티스트」(New Scientist)에 선보인 바에 의하면 외계인들은 존재의 흔적을 연쇄적인 자료의 형태로 남겨놓았으며, 이는 다름 아닌 우리의 유전 암호이다. 평범한 것으로는 버클리의 물리학자인 찰스 타운스(Charles Townes)가 1961년에 내놓은 의견도 있다. ET들은 우주에 메시지를 전하기 위해 고출력광선, 즉 레이저를 사용한다는 것이다. 그렇다면 우리는 엉뚱한 곳에 귀를 기울이고 있는 셈이다.

지난 30여 년 동안 외계인에 대한 과학계의 의식에는 수위 변화가 있었다. 1970년대만 해도 NASA나 그에 필적하는 권위 기관의 복도에서 외계인을 언급하는 것은 심각하게 품위를 떨어뜨리는 짓이었다. 초기 우주탐사선들, 특히 1960년대에 화성을 탐사하러 보낸 매리너호가 가져다준 결과에 의하면 붉은행성은 먼지투성이에 공기도 없으며 생명이 살 수 없는 곳이었다. 행성학자들은 이 결

---

**26** 계수가 정수인 어떤 다항 방적식의 해도 될 수 없는 복소수. 원주율 $\pi$, 자연 로그의 밑 e 등이 대표적이다.

과에 충격을 받았다. 대부분의 과학자들은 그 전까지만 해도 화성에 지의류나 이끼류가 살고 있으리라 믿었다. 하지만 어제까지 지구처럼 보이던 이 행성에 이제는 박테리아 정도는 살 수 있지 않을까 생각하는 것조차도 우스운 일이 되었다.

매리너 사건 이후 과학자들은 외계인이라는 개념에 코웃음을 침으로써 '진짜' 과학과 로웰식 몽상을 구분하려 하였다. 퍼시벌 로웰은 보스턴 출신 백만장자인 동시에 열성적인 아마추어 천문학자였다. 로웰은 1890년대에 화성의 운하를 본 다음부터 자신의 외계인론을 세우기 시작했을 것이다. 로웰은 자신의 애리조나 둥지 꼭대기에 앉아 특별 주문한 클라크굴절망원경을 통해 밤마다 화성을 관찰했다. 비록 눈앞에 보이는 화성이란 팔 길이만큼 떨어진 곳에 있는 동전만 했지만 로웰은 그 속에서 화성 표면에 직선으로 자국이 나 있는 연결망을 보았다. 로웰은 그 직선들이 운하망이며 화성인들이 물이 충분한 극지방에서 건조한 열대지방으로 농업용수를 운반하기 위해 건설한 것이라고 믿었다. 당시에는 많은 사람들이 로웰의 말을 믿었다. 그러나 20세기가 다가오고 망원경의 성능이 높아지면서 이 '운하'는 화성의 모래 속에 파묻혔다. 1930년만 해도 로웰의 가설을 믿는 천문학자는 거의 없었지만 그럼에도 불구하고 태양계의 네 번째 행성에 운하가 존재한다는 가설을 고수하려는 사람들은 1960년대 후반까지 남아 있었다. 하지만 NASA의 화성 탐사계획은 로웰을 SF작가로 전락시켰다. 1965년 매리너 4호가 화성을 지나가면서 먼지와 구덩이들이 찍힌 흐릿한 사진 몇 장을 보내왔고, 이를 본 과학자들은 '우주계획 하나가 날아갔구나' 하고 생각했다. 생명이 존재하지 않고 존재할 수도 없다는 것이 밝혀졌으니 대중들은 이 외계인 '사업'에 관심을 잃었을 것이다. 하지만 퍼시벌 로웰의 영혼은 끝내 사라지지 않았다. 리처드 테일러는 이렇게 말한다. "NASA가 매리너 4호 이후에도 프로젝트를 끝내지 않은 것은 아마도 로웰과 그의 꿈 덕분일 것이다."

이제 그 꿈이 복수를 하기 위해 되돌아왔다. 1996년 8월, 미국 대통령인 빌 클린턴(Bill Clinton)은 연단에 올라서서 화성에서 온 것으로 알려진 운석 안에서 박테리아의 화석을 찾았노라고 발표했다. 지금 NASA에는 화성에 박테리아가 존재하는가, 금성의 구름 속에 미생물이 살고 있는가, 유로파의 어두침침한 심해에 기괴한 짐승들이 살고 있는가, 심지어 타이탄의 탄화수소 바다 속은 어떠한가를 연구하는 천체생물연구소(Astrobiology Institute)가 세워져 있다. 20년 전에 「네이처」(Nature)처럼 권위 있는 잡지에 'E.T와 소통하기' 같은 글을 싣는다는 것은 '스쿠비두' 같은 만화를 싣는 것과 비슷했을 것이다. 하지만 「네이처」의 2004년 9월호에는 「지구 외 문명과의 통신을 위한 고에너지 효율수단으로 본 기록매체」(Inscribed matter as an energy-efficient means of communication with an extra-terrestrial civilization)라는 제목의 연구논문이 실렸다. 이 논문은 뉴저지의 공학자 크리스토퍼 로즈(Christopher Rose)와 그레고리 라이트(Gregory Wright)가 작성한 것으로, 만약 시간을 문제 삼지 않는다면(우주에서 천문학적인 세월을 견딜 수 있는 것은 무엇일까, 또는 누구일까?) 메시지를 전달하는 데 전파보다 더 좋은 수단이 있다는 점을 지적하고 있다.

두 사람은 전자파 대신 '기록매체'를 보내면 안 될 이유가 뭐냐고 묻는다. 전파나 광파는 빠르지만 '안녕하세요'보다 긴 전언을 주고받기에는 터무니없이 비효율적이다. 신호에 들어가야 할 에너지는 거리가 증가할수록 거리의 제곱에 비례하여 늘어난다.

'기록매체'를 보내려는 시도는 이미 있었다. 보이저탐사선에는 금으로 만든 음반, 인류의 그림, 물리상수를 나타내는 표식, 태양계와 주변 항성들의 지도 같은 인공물들이 들어 있다. 지금은 동일 하중에 대해 1970년대보다 수백 배는 많은 정보를 기록할 수 있다. 하지만 극히 최근에 와서도 지구상에서 서로 다른 방식으로 만들어진 컴퓨터끼리는 소통하기가 지극히 어려웠다는 점을 떠올린다면 전언은 간단해야 할 것이다. 로즈와 라이트는 멋진 아이디어를 제시했다. 주사형터널현미경을 이용해서 금속합금에 나노크기로 할 말을 새기자는 것이다. 이 방법을 사용하면 1제곱인치의 니켈판에 제논원자로 쓴 1조 비트의 유용한 정보를 기록할 수 있다. 비교적 소량의 에너지를 사용해서 수많은 '쪽지가 담긴 병'을 만들고 그 안에 우리와 우리의 업적에 대한 상당량의 정보를 넣은 다음 간단한 화학로켓에 실어 사방으로 쏘아 보낼 수 있는 것이다. 물론 이것들이 어딘가에 도착하는 것은 우리가 모두 죽은 다음일 것이다. 하지만 장기적인 관점에서 보자면 이 방법이야말로 우주를 향해 목소리를 내는 최고효율의 방법일 수 있다.

로즈와 라이트는 여기서 그치지 않고 우리 역시 그런 메시지를 찾아봐야 한다고 주장한다. 살펴봐야 할 곳은 "장기간에 걸쳐 중력상으로 안정된 궤도, 또는 그 궤도를 돌고 있는 물체들의 겉면"이다. 우리 태양계 안에는 이처럼 중력이 그 효과를 서로 상쇄하는 지점들이 많이 존재한다. 바로 라그랑주포인트(Lagrange Point)

이다. 이 지점에 자리 잡은 물체들은 수백, 수천만 년이 지나도 움직이지 않는다. 게다가 "내(內)태양계 안에 존재하는 각종 천체의 표면도 가능성이 있다. 〔……〕 우리 두 사람은 망원경을 통해 먼 항성들을 조사하는 것 못지않게 우리 항성계의 뒷마당을 조사하는 것도 외계 문명의 증거를 발견하는 데에 기여하리라고 결론짓는다."

지구상의 생명이 유일무이한 것이라면 그야말로 특별한 일이다. 경이롭다. 하지만 다소 미심쩍다. 우리는 생명이 여기서 시작되었으며 지구가 어떤 축복을 받아 신종의 화학작용을 발생시킨 게 아니라는 사실을 알고 있다. 『특별한 지구』는 외계 지성의 존재를 부정할 뿐, 외계 생명 자체가 없다고 주장하는 것은 아니다. 은하계에는 점균류, 박테리아, 기이한 관목이 넘쳐나고 있을지도 모르며, 흔하진 않겠지만 대구도 있을지 모른다. 세이건은 우리 은하에만도 100만 정도의 기술문명이 있을 거라고 생각했다. 워드와 브라운리는 많아야 하나라고 보았다.

우주인들이 직접 접촉해온다면 우리가 알아챌 수 있을까? 그렇다. SETI프로젝트의 우두머리 중 한 명인 세스 쇼스택(Seth Shostak)은 컴퓨터로 우주를 탐색하는 능력이 발달함에 따라 2025년 이전에 통신 능력이 있는 문명을 발견하리라고 보고 있다. 그럴듯해 보이는 신호들이 몇 있었지만 모두 딴말성이었다. 지성의 증서로 보이는 것은 하나도 없었다. 지금도 푸에르토리코의 아레시보

(Arecibo)와 영국의 조드렐만(Jodrell Bank)에서는 거대한 고정형전파망원경을 이용한 탐색이 진행 중이다. 미국의 햇크릭관측소(Hat Creek Observatory)에서 건설 중인 앨런다중망원경처럼 훨씬 강력한 망원경 설비들이 이 계획에 동참할 예정이다. 이 다중망원경은 비록 아레시보의 것보다 작지만 훨씬 더 넓은 주파수 대역을 탐색할 수 있고, 따라서 SETI프로젝트에 대한 기여도도 더 클 것이다.

어쩌면 앞으로 50년 이내에 외계 생명체를 발견할 가장 좋은 기회가 다가올지도 모른다. 미국과 유럽은 항성 주위를 공전하는 지구 크기의 행성을 발견하기 위해 특수 제작된 다수의 망원경군, 즉 '지구형 행성탐색기'를 우주나 달 뒷면에 설치하자는 계획 및 그에 필요한 예산에 합의한 상태이다. 이보다 더 조심스러운 계획은 지구에 초대형 망원경을 만들자는 것이다. 이 장치를 이용하면 분광기법을 통해 태양계 바깥 행성들의 대기와 수증기, 산소와 메탄 속에 사는 생명의 징후를 기록할 수 있다. 정말로 큰 망원경이라면 외계 도시의 불빛도 찾아낼 수 있을 것이다.

우주에서 발생한 생명체를 찾는 데 드는 비용은 달에 인간을 착륙시키는 데 든 것보다 훨씬 크다. 하지만 대가 역시 큰 의미가 있다. 다른 항성계에서 푸르고 녹색인 행성을 찾게 된다면 사람들의 마음속에 존재하는 지구중심주의(geocentrism)를 크게 뒤흔들 수 있을 것이다. 지구상에서 그런 생명체를 발견하는 것 역시 그와 같은 일 중에 하나이며 코페르니쿠스 혁명(Copernican Revolution)에 버금가는 일이 될 것이다.

외계 지성체와 어떤 식으로 접촉하느냐에 따라 대중의 반응은 다를 것이다. 화성에서 미생물을 발견한다면 혁신적이겠지만 어디까지나 학술적인 의미로 그럴 뿐이다. 과학지식이 부족한 일반인들에게도 충격적인 일이 될지는 심히 의심스럽다. 게다가 그 미생물이 지구에서 오지 않았다는 증명도 필수이다. 지구와 화성은 태양계가 생성된 이래 서로 침을 튀기고 있으니 말이다(소행성이 충돌할 때마다 두 행성의 바위파편이 튕겨나가 상대 행성에 도달했다). 더 적나라하게 말하자면, 설사 화성에서 생물의 화석이 발견되었다 해도 정말 독자적으로 진화한 것인가 알 수 있는 방법은 없다.

알파센타우리(Alpha Centauri)[27]에서 전파가 날아온다면 얘기가 다르다. 만약 전파 속에 연속적인 숫자조합처럼 인공적인 것임에 분명한 신호가 들어 있다면 저 멀리에 지성체가 살고 있다는 사실은 분명해진다. 송신자의 행성과 문화를 담은 그림 및 정보를 얻게 된다면 미국 관료들은 '첫 접촉'에 따른 절차를 규정하기 위해 바쁘게 뛰어야 할 것이다. 물론 수백만의 사람들은 이 사실을 믿으려들지 않겠지만, 어차피 세상에는 지구가 둥글고 생명이 진화한다는 사실조차 못 믿는 사람들이 수두룩하다.

외계인이 존재한다면 이미 우리에 대해 알고 있을지도 모른다. 우리는 거의 1세기에 걸쳐 우주로 방송을 내보내고 있다. 1950년대에 처음으로 발사된 TV전파는 지금쯤 지적 생명체가 거주할 만한 유력 후보 행성 중 하나에 도착했을 것이다. 예를 들어 목자자리 타우항성계(Tau Bootis)에 사는 외계인이라면 「내 사랑 루시」의

---

**27** 남반구의 켄타우로스 별자리에서 가장 밝은 항성계. 삼연성 항성계다. 최초의 항성 간 여행 목표, 또는 우주 지성체가 살 확률이 있는 가장 가까운 곳으로 유명하다.

첫 회분을 볼 수 있을 것이며 3년 뒤에는 로큰롤이 뭔지 알게 될 것이다. 그리고 우리가 지구형 행성을 찾기 위한 망원경을 만들 수 있다면 그들 역시 가능할 것이다.

하지만 이것이 꼭 좋은 소식만은 아닐 수도 있다. 오늘날의 정치적으로 공정한 외계인 애호가들은 웰스(H. G. Wells)의 호전적인 외계인상을 비웃는다. 이제 사람들은 스티븐 스필버그가 「미지와의 조우」에서 호의적으로 펼쳐 보인 것처럼 비행접시의 방문 의도가 '평화적'일 거라고 생각한다. 그러나 인류 역사상 기술적으로 발달한 문명이 뒤떨어진 사람들과 만나게 될 때 비참한 결과를 맞는 것은 대개 몸에 염료를 바르고 창을 든 쪽이었다. 우리의 '첫 접촉' 역시 소설 속 보곤인들과의 만남과 비슷할지 모른다. 만약 그렇다면 우리는 더 많은 것을 배우기 전까지 머리를 숙이고 있어야 할 것이다.

# 3
## 숙고

'전체 어족의 위대한 과장 수사형 중성자 논쟁자들'이라면 대각성에 사는 거대 당나귀의 네 다리가 떨어져 나가도록 수다를 떨 수 있겠지요. 하지만 그런 다음 걸어가게 만들 수 있는 건 저뿐입니다.

숙고

법에 따라 절대 진리를 찾는 임무는 우리 사고 종사자들의 양보할 수 없는 특권이다. 기계덩어리가 그 답을 찾아내고 우리가 일자리를 잃다니, 말도 안 되는 얘기 아닌가?

*철학자와 현자와 선각자와 기타*
*모든 생각하는 사람들의 통합 연맹의 대표, 매직티즈*

1970년대만 해도 최고 성능의 컴퓨터들은 모두 '숙고'와 비슷했다. 덩치는 크고 가격은 비쌌다. 이름도 '유니박'(UNIVAC)이나 '일리악'(Illiac)처럼 거친 느낌이었다. 동체는 기분 나쁜 검정색이었고 수십 개의 붉은빛이 깜빡였다. 그리고 위압적으로 생긴 건물의 지하 깊숙한 곳에서 콘크리트 벽에 둘러싸인 채 미사일의 탄도를 계산하거나 내일 비가 올 것인지 말 것인지 하는 문제들을 풀었다. 작동법을 아는 사람은 아무도 없었다. 헝클어진 머리를 하고 MIT(Massachusetts Institute of Technology, 매사추세츠공과대학교) 졸업장을 소지한 사람들 빼고는 말이다. 이 기계를 프로그래밍하는 가장 편리한 방법은 길게 늘어선 천공카드를 이용하는 것이었다. 가장 불편한 방법은 납땜질이었다. 당시의 SF작가들은 미래의 지능형기계가 경제를 운영하고 근원적인 질문에 답을 주며 심지어 사랑에 빠질 수도 있을 거라고 상상했다. 당시의 기계들은 맛좋은 커피를 끓이지도 못했다. 웃으면서 커피를 가져다주는 것은 말할 나위도 없이 불가능했다.

『히치하이커』에 등장하는 쥐들은 인생과 우주 그리고 세상 만물에 대한 해답을 얻고 싶었다. 다른 차원에 살고 있는 쥐라 할지라도 철학적 능력에 있어서는 우리 미천한 인류와 별반 다르지 않았다. 철학에는 흥미로운 질문들이 가득하다. 공업화학자들이 '뭐가' 또는 '어떻게'라고 묻는 데에 반해 철학자들은 '왜'로 시작한다. 그러나 심리학과 마찬가지로 철학은 지금까지 이런 문제들을 다룰 만한 변변한 수단을 찾아내지 못했다. 철학자들이 고안해낸 것이라고는 신의 존재 여부를 증명하기 위한 자기 지시적 인자들이나 단어, 그리고 존재와 본질의 뜻을 설명하기 위한 산더미 같은 개념들, 또는 진실을 밝히기 위한 골치 아픈 생각들이 전부였다. 그래서 쥐들은 그 일을 기계에게 맡기기로 결정했다.

그 결과 '숙고'가 탄생했다. 숙고의 제작은 하나의 산업이었으며, 숙고의 지능은 엄청나게 높았다. 빌딩만 한 크기의 숙고는 50만 년 동안 윙윙거리면서 '궁극의 해답'을 찾았다. 그 답이 '42'라는 얘기를 듣자 쥐들은 극도로 분노하며 자신들이 만든 기념비적 작품이 계산 능력을 허비했다고 불만을 터뜨렸다. 숙고는 다음과 같은 해결책을 제시했다. 내가 다루기에는 너무 하찮은 요소들을 훨씬 잘 처리할 수 있는 또 하나의 기계를 만들고, 해답이 42로 나오는 '궁극적 질문'을 구하도록 할 것.

그 두 번째 컴퓨터가 바로 지구다. 행성 지구와 인간을 포함한 모든 지구 생물은 컴퓨터 회로의 일부다. 지구는 궁극적인 질문을 발견하기 위해 1,000년 동안 작동했다. 그리고 결과가 나오려는 순간 고위급 정신의학자협회의 명령을 따르는 보곤인들이 지구를 부숴버린다. 쥐들은 울며 겨자 먹기로(마그라스인에게 엄청난 돈을 지불해서) 지구 2호를 만든다. 이 지구 2호가 이제 막 선을 보이려는 참이다. 원래 최고급 컴퓨터를 장만했다고 생각하는 순간 다시 밖으로 나가 새것을 하나 더 사야 할 이유가 생기게 마련이다.

만능계산기계는 매우 새롭고 현대적인 것처럼 보인다. 그러나 여러 종류의 명령어군을 따르도록 프로그래밍된 기계에 대한 개념은 19세기 초반에 등장한 것이다. 특히 유럽 산업혁명(Industrial Revolution)에 의해 일어난 자동방적산업과 밀접한 관련이 있다. 부가 증가하면서 사치품, 특히 옷과 가구를 꾸밀 고급 직물에 대한 수요가 늘어났다. 면과 비단, 그리고 양모에 복잡한 패턴을 짜넣는 것은 손이 많이 가고 시간도 오래 걸리는 작업이었다. 주로 어린 소년들이 혹사당했다. 크고 위험한 기계를 사용해서 말이다. 공장 소유주들은 소년들의 노동력을 악착같이 갈취하는 것으로도 모자라 식사와 물, 그리고 붕대처럼 필수적인 비용마저 아까워하기 시작했다.

이때 프랑스 기술자인 조셉 마리 자카드(Joseph Marie Jacquard)

가 등장해서 자카드직조기(Jacquard Loom)를 만들어낸다. 직조기를 조작하는 사람은 천공카드를 이용해 직조 패턴을 '프로그래밍'해 넣을 수 있다. 전기도 필요치 않았고 반도체도 들어가지 않았지만 이것이야말로 원시적인 컴퓨터였다. 심지어는 불법복제도 존재했다. 사업주들은 경쟁사의 중요한 디자인을 빼내기 위해 천공카드를 훔쳤다.

1820년대에 영국 수학자인 찰스 배비지가 '등차엔진'(Difference Engine)이라는 계산기를 만들고자 계획했다. 등차엔진은 톱니바퀴와 캠(cam)을 이용해 복잡한 연산을 수행하는 기계였다. 만약 이 기계를 정밀하게 만들어낼 수 있었다면 세상이 크게 바뀌었을 것이다.

세계 첫 프로그램 작성자로 널리 알려진 사람은 바이런 경(Lord Byron)의 딸이기도 한 에이다 러블레이스(Ada Lovelace)이다. 똑똑하고 부유했으며 눈부시게 매력적인 (행성 크기의 두뇌를 소유한) 에이다는 1830년대에 배비지와 가까워지며 그의 '해석엔진'(등차엔진의 후계자 격이다)에 쓰일 알고리즘을 작성했다. 다른 여성이라면 매력을 뽐내며 옷차림에 신경을 쓸 (또는 연애관계에 시달릴) 나이였지만 에이다는 수학 천재였다. 에이다가 최초로 프로그래밍을 고안한 것은 아니다. 배비지와 그의 세 아들, 그리고 조수들도 자신들의 일이 무엇을 의미하는지 잘 알고 있었다. 그러나 에이다는 1830년대에 기술의 발달을 미리 내다본 10여 명의 사람 중 하나였다. 또한 에이다는 적어도 100년 이상 앞서간 인물에 대한 당대 최고의 평가를 글로 남김으로써 배비지의 발명품을 세상에 알렸다.

유감스럽게도 배비지의 기계는 제대로 작동하지 않았다. 설계에 문제는 없었다. 레오나르도 다 빈치(Leonardo da Vinci)의 비행기계와 마찬가지로 제대로 만들어줄 사람만 있었다면 (지금에 와서 등차엔진과 다빈치의 설계도 일부를 보면 알 수 있듯이) 기계는 정상적으로 움직였을 것이다. 단지 그에 필요한 정밀 부품을 만들 만큼 빅토리아시대의 기술력이 받쳐주지 못했던 것이 문제였다. 1830년대에 배비지의 청사진이 실물로 만들어졌다면 어떤 일이 발생했을까 생각해보는 것은 흥미롭다. 갓 태동하는 영국의 산업혁명기에 프로그램이 가능한 컴퓨터가 등장했다면 과연 그 파급 효과는 얼마나 되었을까?

1940년대에 배비지의 놋쇠 부속 대신 밸브와 전기회로를 사용한 전기등차엔진이 개발되면서 컴퓨터시대의 진짜 새벽이 밝아왔다. 많은 현대문명의 산물이 그렇듯 컴퓨터 기술 역시 제2차 세계대전의 포화 속에서 무르익었다. 연합국과 추축국은 만능계산기계가 엄청난 가능성을 가지고 있다는 사실을 깨달았다. 제2차 세계대전 중 가장 유명한 계산프로젝트가 운용되던 곳은 세계에서 내로라하는 수재들—그 중에는 컴퓨터 공학의 선구자인 앨런 튜링(Alan Turing)도 있었다—이 모여 독일 최고 사령부의 암호를 깨기 위해 애쓰던 블래츨리 파크(Bletchley Park)였다. 전쟁이 심화되면서 이러한 작업들이 점점 자동화되었고, 마침내 가장 난해한 로렌츠암호(Lorenz cyphers)를 깨기 위해 반(半)프로그램식 계산기인 콜로서스(Colossus)가 만들어졌다. 1950년대에 이르러 컴퓨터공학자들은 세상에서 가장 난해하고 힘든 계산 문제, 즉 일기예보를 해낼 수 있는 기계를 설계하기 시작했다.

19세기 초반 영국왕립해군(Royal Navy)의 기상예보관들은 선박들과 해안 일기관측소에서 보내온 자료를 활용해보고자 시도했다. 1980년대에 「타임」(Time)지는 과감하게도 이러한 예보들을 정리해서 실었다. 몇몇 예보들은 들어맞았지만 대개는 완전히 틀렸다. 20세기 초반만 해도 정확한 일기예보는 꿈같은 얘기였다. 1920년대에 영국의 수학자인 루이스 프라이 리처드슨(Lewis Fry Richardson)이 기단과 전선의 이동을 예측할 수 있는 적절한 방정식을 유도하는 데 성공했다. 루이스는 그뿐 아니라 일기관측소에서 이 방정식에 필요한 수치들을 뽑아내는 데 필요한 인력도 계산했다. 결과는? 고도로 훈련된 64,000명의 일기예보관들이 한 건물에 모여 쉬지 않고 일해야만 원하는 것을 얻을 수 있다는 것이었다. 이처럼 비현실적인 인력이 갖춰진다 해도 내일 날씨를 예측한 결과는 이틀 후에나 나온다. 이처럼 지겹고 단순한 계산을 대신해줄 컴퓨터가 있어야 했다. 그리고 실제로 등장하기에 이른다.

전쟁이 끝나고 영국기상청(British Meteorological Office)은 거대 제과 체인점이었던 '리옹제과'에서 쓰던 컴퓨터를 도입했다. 영국의 선원, 농부, 여행자들은 빵과 케이크의 개수를 세던 컴퓨터가 계산해주는 일기예보에 한동안 의존해야 했다. 그 후 몇십 년간 컴퓨터의 활약이 급증했다. 거대한 기계들이 내각을 위해 불가능해 보이는 수치 계산들을 해치웠고, 파란 세복에 납삭한 모자를 쓴 사람들이 인두와 기름을 손에 들고 이 기계들을 돌봤다.

그 다음은 NASA의 차례였다. 케네디 대통령이 10년 안에 달에 인간을 착륙시키겠다고 호언장담하던 1960년대 초, 당시 미국우주국(US Space Agency)이 쓸 수 있었던 컴퓨터의 능력은 오늘날의 전자레인지와 비슷했다. NASA는 납세자들의 돈 수백억 달러를 쏟아부어서 오늘날이라면 반도체칩 몇 개에 다 들어갈 수 있는 트랜지스터와 마이크로프로세서의 개발에 박차를 가했다. 1969년 6월 버즈 올드린(Buzz Aldrin)과 닐 암스트롱(Neil Armstrong)이 달착륙선 '독수리호'(Eagle)를 조종해 고요의 바다에 착륙할 당시 그 위태로운 착륙선 안에는 유도장치를 조종하고 연료공급을 조절하며 우주인들에게 도움이 될 만한 메시지를 전해주는 고성능 소형컴퓨터가 들어 있었다. 컴퓨터는 손 안에 들어갈 크기였으며 LED화면과 간단한 버튼 몇 개로 이루어져 있었다. '숙고'와는 거리가 먼 기계였다. 인생과 우주와 세상 만물에 대한 대답을 찾기에는 턱없이 부족했다. 하지만 아폴로우주선의 컴퓨터야말로 현대 반도체 혁명의 진정한 첫 물결이었다.

지금 내 차 안에는 대여섯 대의 컴퓨터가 있다. 그 하나하나는 암스트롱과 올드린을 인도했던 기계보다 훨씬 강력하다. 구형이지만 원고 작성에 유용하게 쓰고 있는 내 PC만 해도 레오가 영국의 날씨를 예보하던 당시의 전 세계의 컴퓨터를 합친 것보다 더 성능이 좋다. 지금 전 세계에는 이와 같은 컴퓨터들이 수백만 대 퍼져서 스프레드시트(spreadsheet)[28]를 돌리고, 음란 메일을 보내고, 차를 구매하고, 노벨상을 안겨줄 만한 계산을 수행하는 데에 활용되고 있다.

20년 전만 해도 이런 일이 벌어지리라고는 예상도 못 했다. 500억 대의 자산을 가진 마이크로소프트(Microsoft)사의 대표 빌 게이츠는 "640킬로바이트(의 컴퓨터 메모리)면 누구에게든 부족하지 않을 것이다"라고 말한 적이 있다. 오늘날의 컴퓨터 RAM 용량은 그 1,000배에 달하며 하드디스크의 용량은 50만 배를 넘는다. 그보다 나중에 IBM(International Business Machines Corporation)의 회장을 맡았던 토머스 왓슨(Thomas Watson)은 "컴퓨터를 구매할 곳은 전 세계에 다섯 군데 정도일 것이다"라고 말한 것으로 전해진다(공정을 기하기 위해서 이때가 1943년이라는 것을 밝힌다).

시간의 흐름을 견디어낸 예측을 한 사람은 고든 무어(Gordon Moore)였다. 반도체계의 공룡인 인텔(Intel)을 설립한 고든 무어는 1965년에 "최상위 컴퓨터의 사양은 18개월마다 두 배로 뛸 것이다"라고 예언한 것으로도 유명하다. 사실 이 말의 진짜 뜻은 집적회로에 들어가는 트랜지스터의 수가 18개월마다 두 배로 늘어난다는 것이지만, 결과적으로는 마찬가지다. 지금까지 무어의 법칙(Moore's Law)은 깨지지 않았다. (내 든든한 PC보다 신형인) 동료의 컴퓨터는 2003년에 만들어진 것으로, 그 안에는 3기가헤르츠의 펜티엄 4CPU와 500메가바이트의 메모리, 그리고 100기가바이트의

---

**20** 믄대는 회세용 성산표를 말한다. 후에 업무용 계산 영역에 사용하는 컴퓨터 프로그램을 통칭하게 되었다.

하드디스크가 들어 있다. 1995년에 구입한 내 첫 PC는 그보다 60배는 느리며 메모리 용량은 15분의 1에 불과하다.

내 PC는 무시무시한 게임도 원활하게 돌릴 만한 능력이 있지만 대각성(大角星, Arcturus)에 사는 거대 당나귀의 뒷다리가 떨어져나갈 만큼 수다를 떨 재주는 없다. 내가 설사 이 PC를 600만 년 동안 켜놓는다 해도 인생과 우주와 세상 만물에 대한 궁극의 해답을 찾아낼 수는 없다(어떤 유명 운영체제를 설치한 후부터 600만 초도 지나기 전에 컴퓨터가 항상 멈췄던 것을 생각한다면 말도 안 되는 기대지만). 초당 수백만 개의 연산을 수행할 수 있는 기계임에도 불구하고 지능으로 따지자면 바퀴벌레보다도 못하다.

이 글을 쓰는 시점에서 세계 최고 속도의 컴퓨터는 그 이름도 재밌는 '블루진/L'(BlueGene/L)이다. IBM이 캘리포니아에 위치한 미국자원부(US Department of Energy)의 로렌스리버모어 국제실험실(Lawrence Livermore National Laboratory)용으로 만든 이 컴퓨터는 70.72테라플롭(teraflop)의 속도로 작동한다. 1테라플롭은 고성능 컴퓨터의 작동 속도를 재는 기준 단위로, 1초에 1조 개의 연산을 처리하는 속도다. 두 번째로 빠른 컴퓨터는 NASA에 있는 컬럼비아(Columbia)로, 51.87테라플롭으로 작동한다. 3위는 블루진/L의 절반 속도로 움직이는 일본의 NEC지구시뮬레이터(NEC Earth Simulator)이다. 블루진/L의 제작자들은 마치 부모라도 된 양 자신들의 아이가 걸음마를 끝내고 250테라플롭의 속도로 작동하게 될 거라고 장담한다. 1976년에 첫 작동을 시작한 세계 최초의 슈퍼컴퓨터 크레이-1(Cray-1)의 작동 속도는 80메가플롭으로, 블루진/L과 비교한다면 절룩거리는 수준에 불과하다. 크레이-1의 생김새는 그럴듯하지만(즉 크고 검으며, 으스스하고 붉은 빛들로 번쩍이지만), 블루진/L과 비교할 때 크레이-1은 주판이나 다름없으며 화석이나 마찬가지고 런던에 있는 국립해사박물관(National Maritime Museum)에 걸린 고대 시계처럼 오래된 유물이다. 블루진/L보다 50만 배나 느린 것이다.

블루진/L 역시 42나 만지작거리는 컴퓨터는 아니다. 미국 핵무기의 안전성과 효력을 시뮬레이션하는 데에 쓰이고 있다. 지상이나 지하에서 핵무기를 실제로 터뜨리면 1) 매우 위험하고, 2) 귀찮은 환경론자들이 달려들며, 3) 국제협약을 위반한다는 사실을 깨달은 다음부터는 이러한 용도야말로 세계에서 가장 빠른 컴퓨터를 활용할 선택지 중 하나가 되었다. 물론 어떤 나라는 극히 최근에 핵무기실험 계획의 일환으로 남태평양의 머나먼 섬 하나를 가볍게 날려버리기도 했지만, 대부분의 나라들은 컴퓨터 시뮬레이션 덕분에 그처럼 어이없는 짓을 그만두게 되었다.

오늘날의 최상위급 컴퓨터를 구성하고 있는 부품들의 물리적이고 실질적인 한계에 도달하기 전에 블루진/L보다 수천 배 더 빠른 컴퓨터가 또다시 만들어질 것이다. 공학자들은 무어의 법칙이 끝나는 곳이 바로 거기라고 말한다. 접점들이 원자의 두께에 도달하면 실리콘웨이퍼(silicon wafer)에 회로를 압축해 넣는 작업은 한계를 맞는다. 그보다 더 많은 회로를 집어넣으면 공급된 전류가 온도를 높여 회로 자체를 녹일 것이다.

무어의 법칙이 수세기 동안 깨지지 않는다면 어떻게 될까? 2002년, MIT의 기계공학 교수인 세스 로이드(Seth Lloyd)는 첨단기술에 대한 고찰을 다루는 온라인잡지 「엣지」(Edge)에 다음처럼 유쾌한 글을 실었다.

약 600년 후에 〔……〕온 우주는 윈도우즈 2540나 그와 비슷한 운영체제를 사용하고 있을 것이다. 그 시점에서 이미 우주 에너지의 99.99%는 마이크로소프트 군단에 차출되어 있겠지만, 마이크로소프트는 거기에 만족하지 않을 것이다. 진심으로 충고하거니와, 마이크로소프트사는 더 효율적인 소프트웨어를 만들어야 한다. 그리고 무어의 법칙이 자신들의 뒤를 영원히 돌봐줄 거라고 생각하지 말아야 한다.

'무어의 법칙'의 굴레에서 우리를 구원해줄 것은 양자컴퓨터 (Quantum computer)일지도 모른다. 양자컴퓨터 지지자들은 양자의 기이한 현상을 이용하면 반도체칩을 사용하는 것보다 지수함수적으로 빠른 병렬계산을 수행할 수 있으리라고 기대한다. 여기서의 기이한 현상이란 전자가 동시에 여러 곳에 존재하거나 동떨어진 다른 전자와 불가사의하게 연결되는 것을 말한다. 양자컴퓨터는 상상할 수 없을 만큼 빠른 처리 능력과 파괴 불가능한 암호의 생성 등을 약속해주지만, 넘기 어려운 장벽에 직면해 있는 상태다. 현재까지 한 번에 수 비트 이상의 자료를 처리할 수 있는 양자컴퓨터를 만들어낸 사람은 아무도 없다.

64테라플롭짜리 질문을 던져보자. 전 우주에 존재하는 원자의 잠재적 에너지를 모두 끌어 쓰는 우주 크기의 컴퓨터라면 '생각'을 할 수 있을까? 혹은 생각하는 기계는 불가능한 것일까? 1978년 당시의 사람들은 세상의 어떤 컴퓨터라 한들 세계 체스챔피언에게는 명함도 못 내밀 거라 생각했다. 사람들은 체스의 거장을 이기기 위해서는 정의하기 어렵고 손에 잡히지 않는 특성, 즉 육감이나 직관 또는 재능처럼 사람과 주판을 구분해주는 무언가가 필요하다고 생각했다.

아서 C. 클라크가 (그리고 다른 여러 사람들이) 제대로 지적한 것처럼 체스는 인간과 기계가 대결하기에 적합한 종목이다. 「2001년: 스페이스오디세이」에 등장하는 이상한 우주선 컴퓨터 '할'(HAL)은 우주인들과 체스 게임을 하며 시간을 보낸다. 체스는 이론적으로 숫자 계산이다. 존재할 수 있는 체스 게임의 수는 유한하다. 포커 게임과는 달리 숫자로 분석하고 표현할 수 있다. 말은 총 32개이며, 각자 정해진 힘이 있다. 말이 움직일 수 있는 사각형의 수는 64개이며 승리(혹은 패배)에 대한 정의가 명확하다. 체스판의 시작 지점을 가르쳐주면 컴퓨터는 모든 수의 순열조합을 계산한 다음 세 가지 결과 중 하나에 도달할 수 있다. 이기거나, 지거나, 혹은 비기거나.

문제는 가능한 체스 게임의 수가 우주 전체의 원자 수보다 많다는 것이다. 모든 수의 조합을 완전히 계산해본 컴퓨터는 존재하지 않는다. 체커(Checkers) 또는 드래프트(Draft)[29]는 경우의 수가 훨씬

---

**29** 체스와 뮤사한 형태의 격자판에 등급 차이가 없는 말을 놓고 상대의 말을 대각선으로 뛰어넘을 경우 그 말을 집어오는 게임이다.

단순해서 실제로 모든 조합의 계산이 '끝난' 상태다. 따라서 체커 토너먼트의 경우 선수가 최적의 수를 외워서 비기는 일이 발생하지 않도록 불규칙한 자리에서 시작한다. 하지만 IBM컴퓨터인 '딥블루'(Deep Blue)는 1997년에 세계 체스의 1인자인 게리 카스파로프(Garry Kasparov)와 6연전을 벌인 끝에 승리를 거두었다. 이 승리로 말미암아 인간과 기계 지능의 간격을 좁힐 수 있다는 희망이 생기게 되었다. 딥블루는 다른 컴퓨터 체스플레이어와 마찬가지로 단순무식한 방법[30]을 통해 게임에 임한다. 우리는 이 결과를 통해 생물학적 판단력과 한정적인 계산 능력만을 가진 인간의 지능이 딥블루 같은 반도체 괴물과 충분히 맞설 수 있다는 사실을 알 수 있다.

의식을 가진 기계를 만드는 것은 수많은 인공지능공학자들의 숙원이다. 이들은 몇 개월마다 한 번씩 고지에 거의 다다랐다고 발표한다. 연산장치가 인간의 두뇌를 곧 흉내낼 것이며, 머지않아 우리의 생각과 감정을 다운로드받을 수 있으리라는 것이다. 인간과 컴퓨터가 사이버 수준의 혁신적인 도약을 통해 연결되고 2030년대가 되면 치료 목적의 복제, 약물, 안락사뿐 아니라 기계의 권리에 대한 도덕적 논란이 벌어질 것이라는 것이 그 사람들의 주장이다.

물론 이것은 몽상이다. 명망 있는 과학자가 이와 같은 미래상을

---

**30**  여기서는 Brute-Force Technique, 즉 모든 가능한 수를 대입해보는 기법을 의미한다.

얘기한다 하더라도 당장은 불가능한 일로 간주해야 한다. 우리는 두뇌가 어떻게 사고하는지 알지 못하기 때문에 생각하는 기계를 만들 수 있는지 어떤지를 알 수 없다. 뉴런(neuron)과 시냅스(synapse)에 대해 많은 것이 밝혀졌으며 우리 두뇌의 많은 부분들이 어떻게 서로 연결되어 있고 어떤 부분이 어떤 역할을 하는지 역시 상당수 알려져 있다. 하지만 현재 우리가 인간의 정신에 대해 해볼 수 있는 것은 태평양의 원시적인 섬 주민들이 추락한 비행기에 대해 해볼 수 있는 것과 별반 다르지 않다. 무게를 잴 수도 있고 생김새를 설명할 수도 있으며 치수를 잴 수도 있다. 심지어는 분해해볼 수도 있다. 높은 곳에서 떨어뜨려서 그 기능 일부를 추론할 수도 있다. 하지만 비행의 역학과 물리학에 대해서는? 턱없는 얘기다.

그렇다고 해서 컴퓨터에게 인격이 없다는 얘기는 아니다. 더글러스 애덤스가 예언한 (수많은) 것들 중 하나로 전자장비에 가짜 감정을 불어넣으려는 욕망이 있다. 자포드 비블브록스는 '히치하이커를 위한 안내서' 사무소에 있는 엘리베이터에게 끝 층으로 데려다달라고 지시하면서 '아래로 내려갈 수도 있다는 가능성'에 대해 고려했어야 한다는 사실을 깨닫는다. 애덤스는 미국의 서비스 산업 문구에 대해 비꼰 것이지만 현실에서도 그와 같은 일은 일어난다. 요즘의 자동차 내비게이션(navigation) 장비에는 명확한 개성이 들어 있다. 필자는 최근에 BMW(Bayerische Motoren Werke AG)의 최고급 기종 자동차를 빌려 탄 적이 있다. 그리고 강경하고 분명한, 이렇게 말해도 될지 모르겠지만 게르만풍의 이그고 언제 우회전하고 어디서 좌회전해야 하며 그 지시를 따르지 않았을 때 못된 꼬맹이가 되고 말 거라는 등의 잔소리를 들어야 했다. 이탈리아제 차에 붙박인 내비게이션 시스템은 사물을 좀더 느긋하게 보고, 프랑스 차량의 계기판 뒤에 숨어 있는 시스템은 운전자에게 가장 가까운 식당을 찾아서 다섯 시간 동안 점심을 먹으라고 권유한다고 상상해보자.

매직티즈[31]와 그의 동업자들을 실직 상태로 몰아넣는 컴퓨터는 고사하고 위험하고 힘들며 지루한 업무에서 해방시켜줄 수 있는 기계노예조차도 만들지 못하는 것이 우리의 실정이다. '로봇'(Robot)은 1920년대에 체코의 극작가인 카렐 차페크(Karel Čapek)가 최초로 상상했던 인간형 범용노예의 명칭이며 이제 대부분의 사람들은 이 단어에 익숙하다. 로봇은 오늘날까지도 장난감의 수준을 벗어나지 못하고 있다. 로봇공학자들이 주로 얘기하는 것은 자동화시스템, 자가학습, 생산공정과 제조과정 등이다. 50년 전에는 아무도 생각하지 못했던 문제점들이 한 가득 남아 있는 것이다. 로봇에 어떻게 동력을 공급할 것인가. 로봇은 물리적인 외부세계 속에서 어떻게 움직일 것인가. 오늘날까지 이런 문제를 해결하고자 애쓴 결과는 솔직히 우스꽝스러울 정도이다. 로봇은 계단만 만나도 어쩔 줄을 몰라 하며 배터리는 채 몇 분도 지나지 않아 수명을 다한다. 행성 크기만 한 마빈[32]의 두뇌는 조만간 만들 수 있

---

**31** 『히치하이커』의 등장인물. 자칭 철학자이며 철학자와 현자임을 표방하는 복장으로 돌아다닌다. 숙고에 대항하는 노조항쟁을 이끈다.
**32** 『히치하이커』에 등장하는 로봇. '순수한 마음호'에 실려 있다. '행성 크기만 한 뇌'를 가지고 있으나 전혀 활용하지 않고 심한 우울증과 권태에 시달린다.

을지 몰라도 불완전한 다이오드(diode)로 완비된 마빈의 몸을 만들기란 아직도 요원하다.

# 4
## 신의 존재

신이 말한다. "내 존재를 증명하지 말라. 증거란 믿음을 부정하며,

나는 믿음 없이 존재하지 않노라."


인간이 대답한다. "하지만 바벨피시야말로 결정적인 증거 아닐까요?

바벨피시는 우연히 진화할 수 있는 생물이 아닙니다.

그야말로 당신이 존재한다는 증거입니다. 따라서, 당신이 주장한

논거에 의해 당신은 존재하지 않습니다. 이상으로 증명은 끝입니다."


"후유, 그건 생각도 못했네." 신은 이렇게 말하고

논리의 연기 속으로 순식간에 사라진다.


『은하수를 여행하는 히치하이커를 위한 안내서』

42가 궁극의 해답일 수도 있다. 하지만 궁극의 질문은 무엇일까. 다들 알다시피 그걸 아는 사람은 아무도 없다. 어쩌면 질문과 대답이 상호 배타적인지도 모른다. 적어도 이 우주에서 그 두 가지를 전부 알기란 불가능하다는 말이다. 쥐들이 만든 컴퓨터, 즉 지구는 그 결과를 산출하려는 바로 그 순간에 부서지고 말았다. 유해 종족인 보곤인들이 4차원 고속도로를 내기 위해 지구를 날려버리지 않았다 하더라도, 지구의 토착 지배 종족이었던 호모 사피엔스가 쓸모없는 전화세척제와 홍적세(Pleistocen)[33] 초기의 경영 컨

설턴트들에 밀려 쫓겨난 것을 감안한다면 지구에서 정답을 얻어 낸다는 것이 그리 쉽지만은 않았을 것이다.

쥐들은 차라리 신에게 묻는 쪽이 나았을지도 모른다. 신조차 모른다면 결과적으로 궁극의 해답이란 아무 가치가 없는 것이니 말이다. 궁극의 질문이야 두말할 필요도 없다. 신이 그 문제에 대해 어떤 생각을 갖고 있는지 확인할 수 있는 증거는 있을까? 물론 있다. "섹사퀸(Saxaquine)의 회색 영지" 어딘가에 존재하는 프릴룸탄(Preliumtarn) 행성의 세보뷰스트리(Sevorbeupstry)[34] 지역에는 관광 홍보용 싸구려 문구가 걸려 있는데, 이것이 바로 "(일명) 초월적 존재들이 피조물에게 보내는 최후의 전언"이다. 이 문구를 보려면 지친 몸을 이끌고 햇살이 타오르는 거대한 사막을 한참 걸어가야 한다. 그 결과에 대한 실망이란 비할 데 없이 클 것이다. 거기에는 "불편을 끼쳐드려 죄송합니다"라고 적혀 있으니 말이다.

분명히 세련되긴 하다. 나름대로 운치도 있다. 아서와 (언젠가 비슷한 결론에 도달한 적이 있는) 펜처치 그리고 마빈은 이 결과에 만족했다. 하지만 분명히 말하건대 이것만 가지고 신의 공식적인 의견 표명이라고 하기에는, 이른바 영감이 부족하다. 게다가 42를 비롯한 다른 숫자와도 아무 관계가 없다. 사실 면허를 가진, 스케이트보드를 타고 다니는 녀석들이 위조한 가짜가 아닐까 의심한다 해

---

**33** 200만 년 전에서 1만 년 전 사이의 기간. 인류의 조상이 발생한 시기이기도 하다.

**34** 『히치하이커』에 등장하는 장소. 신이 피조물들에게 남기는 30피트 높이의 전언이 남아 있다고 전해진다. 『히치하이커』시리즈의 4권에서 아서와 펜처치는 이 장소에 도달해 신이 남긴 글을 목격한다.

도 누가 뭐라 할 수 없을 정도이다. 그런데 신의 전언이라고? 그럴지도 모른다. 하지만 그 진위 여부는 결국 신의 존재 여부에 달린 것이다.

신이 존재 여부는 지구와 우주의 철학자들을 심히 괴롭혔다. 아인슈타인이 재기발랄한 아이디어를 낸 후 1세기가 넘도록, 그리고 찰스 다윈(Charles Darwin)이 자기주장을 편 후 170년이 지나도록 고등교육을 받은 인류 중의 상당수가 수천 년 전 중동의 태양신이 인간과 만물을 창조했노라고 여전히 믿고 있다. 그것도 일주일 만에. 만약 그게 사실이라면 다른 중동 신들은 모조리 머리를 조아려야 했을 것이다. 하지만 신이 그렇게 인기 있는 존재가 아니었다는 놀랄 만한 증거가 있다.

신의 존재, 혹은 다른 속성이 과학과 관계있을까? 그렇다. 600년 전까지만 해도 '신'은 다음과 같은 문제에 대한 해답이었다. '모든 사물은 어디서 유래했으며 그 의미는 무엇일까?' 수많은 자료들, 즉 지구와 하늘에서 반짝이는 빛과 식물과 동물 등의 존재에는 설명이 필요했다.

토끼 두 마리를 교배시키면 더 많은 토끼를 얻는다. 이것들을 또 교배시키면 더 많은 토끼가 생겨난다. 거북이나 기린 또는 페튜니아가 생기는 법은 없다. 마찬가지로 물고기가 가득한 연못에서는 물고기만 증식한다. 우리의 경험에 의하면 물고기에서 다리가 생기고 그 물고기가 기어 나와 고양이를 공격하는 일은 벌어지지 않는다. 유전자와 DNA, 세포와 핵분열, 생식체와 다윈 이후 생물학에 등장한 그 복잡하고 장엄한 개념들(시+가 상상할 수 없을 만큼 오래되었다는 사실은 말할 것도 없고)이 등장하기 이전에 인간과 토끼와 페튜니아와 물고기들이 어디서 왔는가 하는 문제는 난해한 것이었다. 창조주 하나가 일주일 동안 뼈 빠지게 일해서 모든 것을 만들어냈다는 착상 덕택에 사람들은 그 난제를 멋들어진 찬장 속에 넣어두고 깔끔히 잊을 수 있었다.

과학적 이성주의 대 종교의 역사란 결국 '신'이라고 이름 붙인 찬장에서 물건들을 하나씩 꺼내어 찬찬히 살펴본 다음 제자리에 돌려놓는 작업의 기록이다. 그 제자리란 '진화', '수십억 킬로미터 떨어진 곳에서 불타고 있는 거대한 수소로 된 공', '절대로 편평하지 않고 둥그런' 따위의 설명이 붙어 있는 단지 속을 말한다. 오늘날 신의 찬장은 화석과 방사성탄소연대측정과 화성의 운석 덕분에 거의 텅 비어 있다. 우리는 양자세계의 기이함이나 의식의 본성이나 빅뱅 이전의 우주에 대해서는 아직 모르고 있지만 토끼가 어떻게 발생하는가에 대해서는 알아가고 있으며, 조만간 원하는 답을 얻게 될 거라는 자신감에 차 있다. 현대의 신성(神性)이란 것은 '간극을 메우는 신'이라는 직함을 받고 과학이 해결하지 못한 문제들에 대한 설명이나 제공하는 위치로 타락했음에 분명하다.

그럼에도 불구하고 흰 수염이 난 우리의 친구가 귀향하려는 조짐이 보이고 있다. 여론 조사에 의하면 지구의 나이가 수십억 년이며 인간과 다른 종들이 자연선택(Natural Selection)에 따라 진화했다고 믿는 미국인은 전체 인구의 3분의 1에도 미치지 못한다. 테네시주(州)가 진화론을 가르쳤다는 이유로 젊은 교장인 존 스콥스(John Scopes)를 기소하고 우스갯거리가 된 것은 80여 년 전이었다. 1990년대 후반에는 교육기관에서 수많은 법정 판정과 판결을 이용해 여러 주의 교육과정에 '지적설계론'(Intelligent Design), 즉 정치적으로 공정하게 보이도록 개조한 창조론을 자연선택설과 동등한 위치에 올려놓은 일도 있었다. 진화란 신을 잊지 못하는 사람들에 의하면 '그저 이론에 불과'할 뿐이다. 중력도 이론이다. 하지만 사과는 위로 날아가지 않으며 삼층 창문에서 뛰어내리면 다리를 다친다는 사실 또한 명백하다(아서 덴트처럼 지상에 착지하지 않는다면 모르지만).

그와 같은 과거로 기어가는 것은 '성경의 신'만이 아니다. 전통 신앙에 대한 거부가 널리 퍼지면서 발생한 공허감을 메우기 위해 생겨난 것 중 하나는 '심령주의'라는 이름의 불결한 신앙 뷔페이다. 돈이 많이 드는 종교를 숭상하는 팝스타들도 있고, 불교신자라고 자처하는 백만장자들도 있으며, '영적인' 것은 선하다는 일반적인 감성도 존재한다. 이처럼 다양한 형태의 종교의 융성은, 동시대에 찾아온 미국 남부지방의 옛 신념보다 과학에게 더 큰 위협이 될지도 모른다. 자연세계 본질에 대한 탐구는 위협받지 않을 것이다. 하지만 미신과 직관보다는 논리와 증거를 우선해야 한다는 원칙이 파괴될 것이다. 결국 병에 걸려 현대의약품을 사용하는 것과 말레이시아산 나뭇조각을 씹거나 주문을 외우는 것 중 어느 쪽이 나은가를 결정해야 하는 순간이 왔을 때 사제나 주교들은 의사에게 결정을 맡기겠지만, 뉴에이지 군단들은 암흑 쪽을 선택할 것이다.

얘기가 잠깐 옆길로 샌 것 같다. 제대로 된 신, 창조주, 수십억 명이 믿는 전지전능의 신성, 진노와 저주와 지옥불과 기타 모든 것을 주관한다는 신 얘기로 돌아오자. 그 신(하나님이건 구세주건 간에)이 어떻다는 말인가. 사람의 내면 깊숙한 곳에 들어 있는 생각을 읽고 장례식 이후에 무슨 일이 벌어질지 계획해놓는, 눈으로 볼 수도 없는 초월적 존재를 만들어내는 것의 목적은 어디에 있을까.

지구상에 있는 모든 문화나 민족이 초자연적인 존재에 대한 강한 신앙 체계를 가지고 있다는 사실로 볼 때 신앙심이란 선천적으로 타고나는 것 같다. 우리가 인간의 자격이라고 생각하는 것들, 이를테면 언어나 불의 사용 등이 발생하기 위해서는 영혼과 귀신 등 눈에 보이지 않는 세계에 대한 믿음이 선행되어야 하는 것인지도 모른다. 유럽에서 발견된 네안데르탈인(Neanderthal, *Homo neanderthalensis*)들의 무덤, 즉 멸종한 우리 사촌들의 무덤을 보면 꽃잎과 구슬들이 담겨 있다. 우연히 그랬을 수도 있다. 아니면 유명한 전설에 등장하는 것처럼 팔을 질질 끌며 걷는 원숭이 인간들이 그들의 사촌인 우리 말고는 아무도 치르지 않는 일종의 의식을 벌인 다음 동료를 떠나보낸 것일 수도 있다. 죽은 후에 본질, 그러니까 그들의 영혼이 어떤 형태로든 살아남는다고 생각하지 않았다면 무엇 때문에 무덤 속에 꽃을 함께 넣었겠는가.

기원전 3,000년경부터 나일강 유역에 융성했던 문명은 특히나 신앙심이 깊었다. 이집트를 방문해본 사람이라면 누구나 공들여 지은 멋진 사원과 피라미드와 생명을 찬양하는 고대 이집트의 만신전(萬神殿)에 영광을 더하는 무덤들을 보며 감탄을 금할 수 없을 것이다. 이 사회는 기술문명의 전환기에 자리하고 있었으며 대부분의 사람들은 단명하고 어렵게 살았다. 그러나 그 와중에도 시간

(및 당시에 유통되던 화폐)을 들여 오늘날에도 쉽게 구현하기 힘든 멋진 종교 건축물들을 지었다.

진정한 무신론 사회란 거의 존재하지 않는다. 1980년대 후반에 급작스럽게 종말을 맞으며 북한과 쿠바의 요새 속에서만 명맥을 유지하고 있는 공산주의 실험은 국가에서 지원하는 무신론을 그 근간의 하나로 삼았다. 그와 같은 정책은 소비에트 연방과 불가리아 및 루마니아 등의 나라들이 예배를 줄였던 동안에는 유효했다. 이 나라들은 모두 한때 신심이 독실했던 곳들이다. 그러나 이와 같은 변동은 오래가지 않았다. 공산주의가 무너지면서 무신론 또한 쇠퇴했던 것이다. 새 러시아에서 교회 신도의 숫자는 전례가 없을 정도로 증가했다. 예수회 교육을 받은 스탈린(Iosif Vissarionovich Stalin)조차도 종교의 힘을 깨닫고 팬저 탱크가 모스크바의 문을 두드리던 소비에트 연방의 암흑기에 신에 대한 금기를 풀었다. 오늘날 서부 유럽에서 종교에 대해 보이는 무관심은 지리적으로 보나 역사적으로 보나 예외적인 것이다. 미국의 총 인구 중 교회 인구가 차지하는 비율은 영국보다 다섯 배나 높다.

모든 사람이 신을 믿는다고 증명하는 것과 신의 존재를 증명하는 것은 별개의 문제다. 신의 존재에 대한 고전적 '증거' 중 상당수는 13세기의 철학자이자 신학자인 토머스 아퀴나스(Thomas Aquinas)가 만든 것이다. 아퀴나스는 우주의 모든 사물을 움직이게 하는 원인, 즉 최초 동인이라는 개념을 도입했으며 "혼자 힘으로 발생하는 것은 아무것도 없다"는 개념을 추가했다. 우주 만물은 다른 무언가에 기인한다는 뜻이다. 탁자는 목수가 만들고 그 목수는 부모가 낳았으며 등등. 아퀴나스에 의하면 이와 같은 연쇄가 무한히 계속될 수는 없으며 따라서 첫 번째 동인이 있어야 한다. 즉 신이다. 현실적으로는 아주 만족스러운 논증이었다. 이것을 채택하지 않는다면 철학적으로 아주 김빠지는, 시작도 끝도 없는 우주라는 결론을 선택해야 하기 때문이다.

이 최초 동인설의 문제는 '오컴의 면도날'(Occam's razor)[35]과 상충한다는 것이다. 중세의 승려였던 오컴은 사고의 역사에 있어서 가장 강력한 도구를 제공했다. 간단히 말하자면 불필요한 요소들을 면도날로 날려버린다는 뜻이다. 우주에 시초가 있어야 한다는 점에는 모두 동의한다. 이것을 거부하면 시간이 무한하다는 것을 인정해야 하고, 무한이란 개념은 철학자들을 불편하게 만든다. 만약 시초란 것이 필요하다면 무언가가 있어서 시초를 존재하도록 해줘야 한다. 뿅, 신의 탄생이다. 하지만 조금 더 생각해보자. 모든 것이 어디서 유래했는가에 대한 진짜 답을 아직 얻지 못했다. 새로운 문제가 생겼기 때문이다. 자, 누가, 혹은 무엇이 신을 만들었는가? 그게 '다른 누군가'라면 오컴의 면도날을 무시하는 것이 된다. 신을 만든 상위 창조자가 있다고 가정함으로써 복수의 요소를 도입했기 때문이다. 물론 그 뒤를 따르는 것은 그 상위 창조자

---

**35** 중세철학에서 자주 인용되었던 원리. "불필요한 설명은 배제해야 한다"로 요약할 수 있다. 과학자들이 같은 현상을 설명하는 여러 가설들의 우열을 정할 때에도 많이 사용하며, 이 경우 단순한 설명이 진리에 가깝다는 기준과도 일맥상통한다.

를 누가 만들었는가 등등이다.

신을 믿는 사람 중에 신의 창조자가 또 있을 거라고 대답하는 사람은 절대 없을 것이다. 시간을 초월하여 존재하는 신에게 시작과 끝은 있을 수 없다고 말할 것이다. 신에 관한 논쟁과 우주에 관한 그것이 결국 같은 문제라는 주장, 즉 둘 다 인과의 법칙에 따른다는 주장은 근본적인 분류 단계에서부터 잘못된 것이다. 신자들에게 있어 신이란 우주 및 우주 안에 있는 만물과는 다른 종류의 '객체'이며 인과와 시간을 초월하여 지금까지, 그리고 앞으로 영원히 존재하는 것이다.

17세기의 프랑스 철학자인 르네 데카르트(René Descartes)는 조금 덜 만족스러운 방법으로 신의 존재를 증명했다. 당시에는 꽤나 설득력이 있었겠지만 지금에 와서 보면 프랑스 철학이 수직으로 추락해서 극도로 쓸데없는 실존주의(existentialism)와 해체주의(deconstructionism)를 야기하기에 이르렀던 시발점이라는 생각이 든다.

데카르트의 논증은 이런 식이다. 나는 존재한다. 나는 신을 상상할 수 있다. 나는 불완전한 존재이며 불완전한 존재는 신이라는 개념을 만들어낼 수 없다. 고로 신은 존재한다. 데카르트는 불완전한 존재가 어째서 신이라는 개념을 만들어낼 수 없는지 설명하지 않는다. 그의 논증을 따르자면 만약 신이 '존재하지 않는다면' 인간은 여전히 불완전하면서도 신을 만들어낼 수 있어야 할 것이다.

데카르트의 논증은 이른바 존재론적(ontological)으로 신을 '증명'하는 방법 중 하나다. 존재론적 논증은 세계를 (실험 등의 방법으로) 직접 관찰하는 것이 아니라 추론에 의존하여 신의 존재를 증명하려 한다. 비철학자, 특히 현대의 비철학자들에게 이와 같은 존재론적 '증거'란 아주 미심쩍어 보이지만 유신론자들은 수세기 동안 이것들을 자신들의 병기고에서 가장 강력한 무기로 삼았다. 존재론적 증명을 '신이 없다고 믿는 녀석은 바보이므로 신은 존재한다'와 같이 요약하면 우습겠지만, 본질적으로는 별 차이가 없다.

존재론적 논증을 무너뜨린 것은 (여러 사람이 있겠지만 그 중에서도) 이마누엘 칸트(Immanuel Kant)다. 칸트는 존재론적 논증들이 '존재'를 색이나 무게처럼 대상의 특질 또는 속성으로 취급한다는 점을 지적했다. 무언가의 존재 여부란 무슨 색이며 가격이 얼마인가와는 명백히 다른 문제이며, 심지어는 완전성의 여부와도 다른 문제다.

오랜 세월을 살아남은 '증거'들 중에 재조명을 받는 것이 하나 있다. 신창조론자들이 자랑하는 '설계론'(argument from design)이 그것이다. 이 사람들은 6,000년 전 지구를 만든 것이 아담과 이브라고 공언하지는 않는다. 대신 인간이 삶을 발전시키는 것으로 보아 우주란 누군가가 만든 것이며, 따라서 책임 있는 창조자의 손길이 필요하다고 주장한다.

물리상수(physical constant) 몇 가지를 예로 들어보자. 중력이나 약한 전기력이나 강한 핵력(核力, nuclear force)의 수치가 조금만 달랐다면 우리 우주와 수소를 연료 삼아 타고 있는 항성들과 생명이 살 수 있는, 바위투성이의 작은 행성들은 존재하지 못했을 것이다. 중력이 조금만 더 셌다면 우주는 빅뱅 이후 급속하게 수축했을 것이다. 강한 핵력이 5%만 약했더라도 항성의 원동력인 융

합반응은 엉망이 됐을 것이다. 물리상수를 살짝만 변경해도 우주
는 황폐해지거나, 항성은 하나도 없이 수소가스만 가득하거나, 그
도 아니면 오로지 블랙홀이나 적색왜성(赤色矮星, red dwarf star)[36]
만 존재하거나, 더 나아가 우주 자체가 몇백만 년 만에 산산조각
으로 부서질 것이다. 물리상수보다 더 인상적인 것은 3차원 공간
이다. 편평한 우주에서 지적 생명체가 진화한다는 것은 상상하기
어렵다.

설계론은 그밖에도 다른 점들을 지적한다. 물이 좋은 예다. 물
은 매우 기이한 화합물이다. 대개의 경우 고체상태일 때, 즉 얼음
일 때의 밀도가 액체일 때보다 낮다. 따라서 얼음은 물에 뜬다. 만
약 물이 다른 물질과 같았다면 지구의 대양은 거의 대부분 단단한
얼음일 것이며 온대나 열대지방에서만 얇은 물의 층이 존재했을
것이다. 그리고 생명은 절대 진화하지 못했을 것이다. 물의 끓는
점, 독특한 비열, 표면장력과 녹는점 모두가 평균을 벗어난다. 예
를 들어 물의 끓는점은 해당 분자량을 기준해 일반 화학적으로 예
측할 수 있는 것보다 훨씬 높다. 이와 같은 특이함 때문에 물이 생
명을 구성하는 대표 물질일 수 있는 것이다.

지금의 우리가 여기에 앉아 우주의 존재와 근원을 생각할 수 있
는 것으로 보아 그에 관한 모든 이론들은 우리와 같은 생물의 발
생을 설명할 수 있어야 한다. 이것이 유명한 '인간원리'(Anthropic

---

**36** 크기가 작고 온도가 비교적 낮은 별. 근거리 항성의 약 70%를 차지하나 어두워서
눈에 잘 띄시 않는다. 질량이 우리 태양의 40% 이하이며 핵융합 반응이 매우 느리고
수명이 매우 길다.

Principle)다. 인간원리는 종교적인 결론을 원치 않는 많은 과학자들이 신성을 도입하지 않고 앞서 말한 상수들의 세밀한 조율을 설명할 수 있게 해준다. 우리가 이 우주에서 관측한 물리법칙들이 유일무이한 것인지는 아직 알 수 없다. 강한 핵력은 어디서나 우리가 관측한 바와 동일할 수도 있고, 아니면 어딘가 중력이 거꾸로 작용하는 곳이 있을지도 모른다. 물리법칙들을 다져나가다 보면 더 많은 불변의 수학법칙과 논리법칙을 발견할지도 모른다. 우리가 보고 있는 이 우주가 유일무이한 것임이 밝혀진다면 이처럼 교묘한 상수의 배치 문제가 대두될 것이고 결국 설계자의 문제가 수면 위로 떠오를 것이다.

이제 다세계이론(Many World Hypothesis)의 차례다. 이 이론은 우리 우주가 무한한 개수의 우주 중 하나라고 가정함으로써 인간원리에 한 방을 먹인다. 모두 다른 무한개의 우주가 존재한다면 우리 우주가 생명에 적합하다 한들 아무 문제될 것이 없는 것이다. 풍부함이 우세한 우주도 있고 황폐함이 앞서는 우주도 있다(그 여부를 알 수 없는 우주도 있다). 물이 있어야 고기도 있듯 생명이 존재 가능한 우주에서만 생명을 찾을 수 있다. 그렇다면 우리 우주에 생명이 존재한다는 사실 역시 옷가게에서 몸에 맞는 물건을 발견하는 것만큼이나 당연하게 된다. 메이슨-딕슨선(Mason-Dixon line)[37]의 남쪽에 자리 잡은 물리부서에서 일하지 않는 이상 창조자를 거론할 이유도 사라진다. 문젯거리가 사라졌으니 안녕히 가시

---

**37** 미국의 남부와 북부를 가르는 선.

라고 신을 배웅하면 된다.

도덕성의 기원은 종종 비신자들의 문제로 제시된다. 우리는 살아오면서 여러 가지를 당연하게 여긴다. 돌을 손에서 놓으면 땅으로 떨어지며 이탈리아의 수도는 로마다. 그리고 아무 이유 없이 타인에게 고통과 불편을 주는 것은 잘못된 일이다.

위의 마지막 명제는 앞선 두 가지와 성격이 다르다. 이탈리아의 수도가 로마라는 사실은 반박의 여지가 없다. 직접 가서 의회를 방문하고 수상을 만나볼 수도 있다. 돌을 여러 개 떨어뜨려서 관측한 다음 중력과 질량에 대한 모든 것을 추론할 수도 있다. 하지만 도덕적인 '사실'에 관해서는 어떨까? 재산, 섹스, 가정생활과 형법에 대한 관점은 시대와 장소에 따라 다르지만 대부분의 문화권에 사는 대부분의 사람들은 몇 가지 도덕적 원칙에 동의한다. 이유 없이 남을 해치는 것은 잘못된 일이며, 내가 돈을 벌듯 다른 사람이 버는 것도 허용된다. "남에게 받고자 하는 대로 너희도 남을 대접하라"[38]는 말은 보편적인 강령인 것 같다.

종교적인 사람들은, 이처럼 온 세계에 존재하며 이기적인 관심사를 추구하는 데에 반하는 거창한 절대 명제들은 우리가 일상적으로 만드는 규칙과는 전혀 다르게 어딘가 다른 곳에서 유입된 것

---

**38** 『신약성서』에 등장하는 말로, 황금률이라 부르기도 한다.

이라고 주장한다. 말하자면 신이 제공했다는 이야기다.

하지만 명백한 이타주의(altruism)의 상당 부분은 순수 생물학적 개념으로도 설명 가능하다. 조부모는 손자를 돌봄으로써 이익을 얻는다. (세대를 지남에 따라 희석되긴 하지만) 이 행동에 따라 자신들의 유전자가 살아남으며, 결과적으로 증식하는 것이다. 먼 친척을 향한 이타적 행동도 유사하게 설명된다. 외삼촌이 조카를 보살피는 것은 설명하기가 매우 쉽다. 친자식들과는 차이가 있지만 조카들 역시 자신의 유전자 일부를 공유하고 있음을 감지하는 것이다.

문제는 완전한 타인에게 베푸는 진짜배기 친절이다. 어른이 물에 빠진 아이를 구하기 위해 바다로 뛰어드는 것은 왜일까? 전 세계에 사는 수백만의 사람들이 한 번도 본 적 없는 남을 도우라고 적지 않은 돈을 구호단체에 기부하는 것은 왜일까? 종교적인 사람들은 그것이야말로 자비로운 영(靈)이 우리를 인도하는 증거라고 말한다. 무신론자들의 설명은 (확실히) 더욱 복잡하다. 인간은 사회적인 동물이다. 사회가 원만하게 돌아가도록 타인과 협조하는 것은 그래야 사회가 우리 자손들의 생존을 보장하기 때문이다. 정신이상자들처럼 도덕성이 결여된 사람들은 짧은 기간 동안 번성할 수는 있지만 대개 지저분한 결말을 맞는다. 갱스터 영화라면 그렇게 끝나야 명작이라고 우리가 생각하는 바로 그 결말대로 말이다. 전과가 많은 범죄자들은 생의 대부분을 감옥에서 보내거나 자연수명보다 빨리 죽는다. 진화론적인 관점에서 볼 때 일말의 이타심도 갖지 못한 인간은 소수의 뼈아픈 예외를 제외하고는 실패작이다. 자신들의 타오르는 공격성에 다른 이들이 따르도록 설득할 수 있을 만큼 예외적으로 타고난 정신이상자들, 즉 히틀러와 스탈린 같은 사람들을 제외하고는 말이다.

　미국 캘리포니아대학교 산타크루즈캠퍼스(UC Santa Cruz)의 사회생물학자인 로버트 트리버스(Robert Trivers)는 '상호이타주의'(Reciprocal Altruism) 이론을 내놓았다. 트리버스의 실험은 이타주의로 보이는 행동들이 실제로는 '내 등을 긁어주면 나도 긁어주마' 원칙에 따른다는 것을 보여준다. 피가 섞이지 않은 동족 구성원이란 기온이나 강우량처럼 또 하나의 선택압(selective pressure)에 불과하다. 남에게 이타적으로 구는 것이 상호이타적인 행동을 야기하여 우리의 생존에 도움을 준다면 결국 이타주의는 다윈의 풍차를 돌게 해주는 것이다.

　최근에 등장한 신의 존재 논증 중 가장 독창적인 것은 아직 완전히 이해되지는 않았으나 아주 유용한 수학적 도구인 베이스통계학(Bayesian statistics)에서 출발한다. 영국의 물리학자 스티븐 언윈(Stephen Unwin)은 2004년도 저서 『신의 개연성: 궁극의 진실을 밝히는 간단한 계산』(The Probability of God: A Simple Calculation That Proves the Ultimate Truth)에서 신, 또는 명제 G의 존재 가능성이 평균보다 훨씬 높은 67%라고 결론짓고 있다.

　　명제 G가 가리키는 것은 그리스도교의 하나님, 유대교의 여호와, 이슬람교의 알라, 조로아스터교의 주 등등이다. 신이라는 존재의 성격에 대해서는 종교 간에, 그리고 같은 종교 내에서도 의견차가 있지만 유사성이 차이점을 훨씬 능가한다. 다른 식으로 표현한다면, 이와 같은 종교의 신자들은 운 나쁜 범신론자가 동네를 잘못 찾아갔을 때 그를 쫓아내기 위해 일치단결한다.

베이스통계학은 18세기 영국의 수학자이자 성직자인 토머스 베이스(Thomas Bayes)의 이름을 딴 것이다. 이 '불확실성의 수학'은 20세기 들어 의학, 보험, 일기예보, 범죄학 분야에서 사용하는 강력한 도구가 되었다. 베이스의 정리를 간단히 요약하자면, 사실과 가정으로부터 어떤 것이 옳거나 그를 가능성을 평가할 수 있다는 것이다.

언원은 신이 존재할 가능성을 50%로 전제하고 시작한다. 그런 다음 기적, 자유의지와 같은 것들을 요소로 도입해 신성의 개략적인 윤곽을 도출한다. 현상 하나하나에는 '신성지표'(Divine Indicator)를 할당하는데, 이 지표는 해당 현상이 유신론의 우주에 존재할 정도를 나타낸다. 언원에 의하면 "신성지표란 신과 관련된 증거들에 대한 등급으로, 지진을 나누는 리히터진도(Richter)나 토네이도를 나누는 후지타급수(Fujita)와 같다."

예를 들어보자. 언원은 선(善)의 존재와 인식을 놓고 '그분'이 저 위에 계시다는 것을 강하게 나타낸다고 하여 높은 급수를 매긴다. 반대로 악(惡)은 신성의 존재를 부정하는 증거로 분류한다. 흥미 있는 점은 초자연적 현상이나 환영 같은 것들은 대부분 사실이 아니라는 이유를 들어 무신론자의 기소 근거로 간주한다는 것이다.

언원의 주장은 표면적으로는 설득력이 있어 보이지만 깊이 들여다볼수록 모호하다. 예를 들어서, 신의 존재 가능성이 50%라는 선험적인 전제는 어디서 오는가? 이 수치는 존재할 수도 있고 그렇지 않을 수도 있는 무언가에 대한 통계학적 시발점이다. 하지만 실제로는 이빨요정(tooth fairy)의 예에서 알 수 있듯 잘못된 전제다. 이빨요정은 실재하든가 그렇지 않든가 둘 중 하나다. 하지만 정말로 날개 달린 소형 인류가 있어서 현재 유통되는 화폐로 대가를 치르고 호모 사피엔스 유아의 뽑은 젖니를 가져갈 확률이 50%라고 생각하는 이가 있다면 정신 나간 사람일 것이다. 그럴 리가 없다는 증거는 수도 없이 많다. 이빨요정을 본 사람은 아무도 없다. 베개 밑에 동전을 넣어두는 것은 언제나 부모들이다. 게다가 더 중요한 사실은, 만약 이빨요정이 실재한다면 우리는 인생과 우주, 그리고 세상 만물에 대해 갖고 있던 수많은 신념들을 재고해 봐야 한다는 것이다.

언윈은 자신들의 존재를 밝히기 위해, 또는 이빨요정의 실체를 규명하기 위해 지구에 착륙하는 화성인의 문제 역시 반반의 가능성에서 출발해야만 한다고 맞선다. 언윈은 이렇게 말한다. "나는 신을 분석함에 있어서 나의 원래 신념을 유지함과 동시에 그것을 설명하기 위한 유일한 방법으로 베이스정리를 사용했다."

결과적으로 신의 존재 여부에 관한 수학적 논증을 믿는 사람은 나올 것 같지 않다. 언윈은 바벨피시와 마찬가지로 신에게 다윈보다 더한 불충을 저지른 셈이다. 종교인들은 결과가 2대 1에 그친다는 사실에 만족하지 않는다. 더 결정적인 무언가를 원하는 것이다. 무신론자들도 불편하기는 마찬가지다. "부질없는 생각을 수학적 계산에 집어넣으면 결과 역시 부질없을 뿐이다." 더글러스 애덤스의 친구이자 옥스퍼드대학교의 생물학자이며 아마도 영국에서 가장 유명한 무신론자인 리처드 도킨스(Richard Dawkins)가 한 말이나.

당분간 신의 존재나 부재가 증명될 것 같지는 않다. 어쩌면 다행인지도 모른다. 왜냐하면 이 문제야말로 역사상 인류에게 주어진 어떤 것보다 토론하기에 적합한 문제이며, 우리 두 발 달린 탄소대사형 생물들이 논쟁보다 더 좋아하는 것은 없기 때문이다.

# 5

## 세상 끝에 자리 잡은 식당

신사 숙녀 여러분, '저게' 바로 그 유명한 것입니다. 저게 지나가면 아무것도 없습니다. 허공. 공허. 망각. 아무것도 없습니다. [……] 아무것도 [……] 물론 매혹적인 손수레와 알데바란에서 엄선해온 술들을 빼면 말이지요! 더군다나 난생 처음으로 내일 아침의 숙취를 걱정할 필요가 없습니다. 더 이상 아침이란 없기 때문입니다!

*세상 끝에 자리 잡은 식당의 사회자 맥스 쿼들플린*

일명 무한한 우주에서, 무한한 수의 마케팅 직원과 소비자 그룹과 함께, 식탁에 앉은 손님들이 모든 존재의 소멸을 관람할 수 있는 식당이 언젠가는 등장하게 되어 있다. 그래서 바로 세상 끝에 자리 잡은 식당 밀리웨이즈가 탄생되었다. 물리법칙은 종말을 맞지만 요식업의 법칙은 최후의 나노초(nanosecond)까지 굳건하게 유지된다. 휘황찬란한 조명을 드리우고 엄청난 돈을 퍼부어 도마뱀 가죽으로 실내장식을 해두면 어수룩한 관광객들에게 은하계를 청구할 수 있는 것이다. 뿐만 아니다. 식탁에서는 손님들이 여전히 음식 값을 흥정할 것이며 주차 대행원들과 도덕성 시비를 벌일 것이다.

장관을 제공하는 다른 식당들(고층빌딩 꼭대기나 폭포 옆에서 회전하는 그런 곳들 말이다)과 마찬가지로 밀리웨이즈를 자주 찾는 것은 부자나 미남미녀들이다. 이 경우에는 전 우주와 모든 시간대에서 찾아온 사람들이지만. 주방장의 명성보다는 입지조건 때문에 유명한 식당들이 다 그렇지만 밀리웨이즈는 그중에서도 더욱 무시무시한 곳이다. 잡아먹히고 싶어서 안달이 난 송아지고기를 빼면 음식은 형편없다. 진짜 핵심은 바깥에 있다. 식당 사회자는 이렇게 방송한다. "우리를 둘러싸고 있는 소용돌이 구름 속에는 광자폭풍이 형성되고 있으며 빨갛고 뜨거운 항성들의 최후를 갈가리 찢어줄 것입니다."

대부분의 과학자들은 우주의 최후가 비교적 평화로울 것이라고 믿는다. 우주의 끝이 어떤 모습일까에 대한 연구가 시작된 것은 최근이다. 과학은 그 시초를 밝히느라 정신이 없었기 때문이다. 이제 물리학자와 천문학자와 우주학자들은 과거뿐 아니라 다가올 미래에도 관심을 기울인다. 셀 수 없을 정도로 요원한 미래에 어떤 일이 벌어질 것인가를 비교적 자신 있게 예측할 수 있게 된 것은 과학의 놀랄 만한 업적이다. 일주일 후의 날씨를 예측할 수는 없지만 60억 년 후 지구가 어떤 운명을 맞이하게 될까 하는 것은 훨씬 더 정확하게 예견할 수 있는 것이다.

역설적이게도 우리는 지구의 가까운 미래에 대해서는 아는 바가 없다. 기후의 변화나 인류가 야기한 지구온난화 때문에 세계의 날씨가 영구적으로 급변하면서 대재앙이 닥쳐올 것이라는 우울한 예언들이 들려온다. 하지만 냉소적인 사람들은 이러한 예언들이 근거가 빈약한 컴퓨터시뮬레이션에 의존하고 있으며, 설사 그렇다 해도 어차피 지구의 기후는 지질학적인 시간에 걸쳐 크게 변동한다고 반박한다.

긴 시간을 놓고 보지면 이와 같은 설진은 그저 논쟁거리에 불과하다. 우리가 무얼 하든 훨씬 사악한 진짜 지구온난화(global warming)가 다가오고 있기 때문이다. 인류의 존재나 인류가 연료에 환장한 기계덩어리들을 미친 듯이 만들어내고 있는 것이 그 원인은 아니다. 문제가 되는 것은 태양이다.

우리 항성은 전형적인 수소 소비형 천체이며 그 일생 역시 아주 잘 알려져 있다. 하늘에 떠 있는 대부분의 항성들과 마찬가지로 태양 역시 '주계열'(主系列, main sequence) 항성[39]에 속한다. 이 거대한 핵융합폭탄(fusion bomb)들은 질량이 태양의 수 퍼센트에 불과한 적색왜성에서부터 육안으로 확인 가능한 가장 큰 별인 시리우스(Sirius)처럼 거성에 이르기까지 폭넓게 존재한다.

태양은 거의가 수소다. 태양의 중심부에 있는 기체들은 스스로의 무게 때문에 고온고압으로 압축되고, 따라서 핵융합(nuclear fusion)이 일어난다. 각각의 수소원자들이 결합하며 헬륨을 만들고, 원소주기율표의 순서를 따라 다음 원소들이 등장한다. 이 과정 중에 약간의(약 0.7%) 질량이 소실된다. 이 질량은 유명한 아인슈타인의 방정식 $E=mc^2$에 따라 에너지로 변한다. 여기서 c가 광속이므로 $c^2$은 엄청나게 큰 값이다. 다시 말해서, 태양이 밝게 빛나기 위해서는 그리 많은 수소가 필요하지 않다. 초당 수천 톤의 수소만 있으면 중심부의 온도를 1,600만 도로 유지할 수 있다.

45억 년 전에 먼지와 구형 가스덩어리에서 태양계가 형태를 갖춘 이후 수백만 년이 지나면서부터 태양은 수소를 태우며 존재해

---

**39** 일생 중 안정기에 속해 있는 별들을 가리킨다. 즉 팽창하려는 기체압과 자체 중력이 평형을 이루고 있는 시기의 항성들을 말한다.

왔다. 유년 시절의 태양은 지금보다 훨씬 어두웠다. 40억 년 전 지구의 원시 바다에서 최초의 원시 생물체가 탄생할 당시의 햇빛은 지금의 4분의 3에 불과했다. 시간이 지나면서 태양 핵 속의 헬륨 '재'가 늘어났고, 그 때문에 태양은 더 밝고 더 뜨거워졌다. 그 밝기의 증가는 사람, 아니 문명 하나의 일생 동안에도 감지하기 어려울 만큼 미미했지만 지질학적인 영겁에 걸쳐 누적되다보니 눈에 뜨일 만큼 확실해졌다.

지금 우리가 직면하고 있는 지구온난화는 이처럼 장기적인 태양의 변화와는 전혀 무관하다. 수백만의 단기적이고 주기적인 태양 출력의 변화가 이처럼 꾸준히 중첩되는 것은 아마도 태양 내부에 존재하는 가스의 소용돌이와 흐름, 그리고 태양의 자기장 변동과 관련이 있을 것이다.

지구의 운명을 결정짓는 것은 이와 같이 장기간에 걸쳐 누적되는 온난화이다. 60억 년이 지나면 태양의 연료는 바닥난다. 상황이 안 좋아지는 것은 그보다 훨씬 전이다. 최소한 10억 년이 지나기 전에 태양의 출력이 급증하고 우리의 푸른행성에는 돌이킬 수 없는 기상학적 재앙이 찾아온다. 태양이 지금보다 4분의 1만큼 더 밝아지면 지구의 온도는 20도 이상 상승한다. 이것 자체는 문제가 아니다. 장대한 시간이 주어진다면 생물은 적응할 수 있다. 게다가 태양이 서서히 뜨거워진다고 해서 지구도 서서히 뜨거워지는 것은 아니다. 그 효과를 무마할 만한 피드백 시스템이 생겨날 수도 있다. 가장 확실한 것은 구름 형성이다. 지구가 더 더워지면 증발하는 해수가 늘어나고 더 많은 구름이 생긴다. 구름이 많아지면 지구의 색은 더욱 하얘지고 더 많은 빛이 반사되어 결과적으로 온난화에 제동이 걸린다.

하지만 이와 같은 피드백도 지구를 지킬 수 없는 순간이 온다. 그 치명적인 순간이 지나면 쫓겨났던 온실효과(greenhouse effect) 가 되돌아올 것이다. 지구는 메탄과 이산화탄소 같은 미량의 기체 와 수증기 덕분에 이미 온실효과의 덕을 보고 있다. 몇몇 기체들 은 대기 중에 열을 붙잡아놓는다. 온실유리와 마찬가지로 지구로 향하는 단파장의 태양복사열(solar radiation)은 투과시키고 더워진 지구가 밖으로 내보내려는 장파장의 적외선복사열(infra-red radiation)은 가로막기 때문이다. 몇몇 환경론자들이 간과하는 점이 지만 만약 온실효과가 없다면 우리 행성의 평균 표면온도는 섭씨 영하 18도일 것이다. 우리가 지금 향유하고 있는 지구의 온화한 평균온도는 13도이다.

10억 년 후에는 좋은 것들이 너무 많아서 문제가 된다. 따뜻해 진 바다는 수증기와 이산화탄소를 대기 속에 퍼뜨리고 온도는 더 욱 상승하며, 따라서 더 많은 기체들이 대기로 유입되는 악순환이 벌어진다. 그로부터 몇 세기가 지나면 지구의 대기는 질소·산소· 이산화탄소 그리고 아주 뜨거운 증기의 혼합물이 된다. 특정 박테 리아들은 이 재앙 속에서도 살아남겠지만 그것도 오래가지는 못 한다. 어느 순간 바다는 말라버리고 지구의 표면은 상시 온도가 450도 이상이며 녹은 금속들이 높은 산의 꼭대기에 얼어붙는 금 성의 지옥 같은 광경과 유사하게 변한다.

지구 생명체의 종말은 그 시작과 많은 면에서 유사하다. 생존력 이 강한 미생물 몇 종은 다윈이 표현한 것처럼 "작고 따뜻한 연못" 에서 목숨을 연명할 수 있을 것이다. 그 연못도 결국은 펄펄 끓어

오르겠지만. 따라서 모든 것이 소멸하고 만다. 동물도 없고 식물도 없으며 어떤 종류의 식당도 남지 않고 단조로운 풍경에 활기를 불어넣어줄 점균류도 살아남지 못한다. 조금만 더 생각해보면 진정 우울한 상황이다. 이 예견에 따르면 지구상의 생명은 이미 그 생애 중 4분의 3을 살아온 셈이 된다. 거대 운성이 충돌한다든가 하는 행성 규모의 재앙이 발생해서 모든 고등생물이 멸망한다면 다시 진화를 일으킬 시간은 더 이상 남아 있지 않은 것이다.

그래도 태양계는 돌아간다. 지구를 황폐화시키고 팽창한 태양은 싸늘한 외(外)태양계의 세계에 온기를 가져다준다. 한동안 화성은 많은 천문학자들이 꿈꿔왔던 먼 과거의 모습과 유사하게 변한다. 따뜻하고 축축하며 생명이 번성하기에 좋은 모습으로. 화성의 토양 밑에 묻혀 있던 수조 톤의 얼음은 녹아서 수조 톤의 물이 된다. 만년설이 녹으면서 화성의 거대한 분지와 계곡에는 다시 한 번 (또는 화성이 한때 따뜻하고 축축했었다는 가설은 아직 증명된 게 아니므로 최초로) 푸른 금들이 넘실거릴 것이다. 그로부터 수십억 년이 지나면 화성은 낙원이 되어 새롭게 하사받은 비옥한 평원 위에 미생물들이 번성하게 된다. 그 미생물들이 토착 종이건, 영겁의 과거에 지구의 우주인들이 떨어뜨리고 간 것이건 간에 말이다.

시간이 흐르면서 상황은 훨씬 흥미진진해진다. 이 시기에 토성의 위성인 타이탄을 들여다본다면 '불가사의하다'는 상투적 표현이 떠오를 것이다. 유감스럽게도 NASA는 그 후속기를 만들 생각이 없지만, 앞서 얘기한 바와 같이 크고 값비싼 우주탐사선이 토성과 그 고리와 위성들을 탐험하고 있다. 가장 흥미를 끄는 것은 타이탄이다. 타이탄은 수성이나 명왕성보다 크며, 행성의 주위를 돌고 있지만 않았다면 행성이라 불러도 무방할 정도다. 타이탄은 태양계 위성 중 유일하게 대기라고 부를 만한 것을 가지고 있다. 그 밀도는 지구의 10배, 지표면의 기압은 1.5배이다. 성분 기체는 다량의 질소와 약간의 이산화탄소인데, 이는 우리가 생각하고 있는 원시 지구와 비슷한 환경이다. 이들 화합물과 햇빛이 반응하면 얇고 투명에 가까운 안개를 만들어내며, 이 때문에 육안으로는 타이탄의 내부를 볼 수 없다.

하지만 캐시니(Cassini)우주선에 장착된 첨단 망원경과 카메라 덕분에 결국 가려진 타이탄의 표면을 엿볼 수 있었다. 2005년 1월, 캐시니호에 올라타 토성까지 간 하위헌스(Huygens)착륙선이 낙하산을 타고 뿌연 대기를 통과해 지금까지 단 한 번도 모습을 드러낸 적이 없던 타이탄의 표면 사진을 수백 장 찍었다. 우주탐사 역사상 가장 멋진 사건이었다. 밝아 보이는 고지의 상당 부분은 새카만 배수로처럼 보이는 것으로 덮여 있고 수백 킬로미터에 걸쳐 어두운 빛의 평원이 펼쳐져 있다. 사진을 통해 보는 타이탄의 표면은 메탄 비로 추정되는 것이 스며 있어 진흙처럼 물렁해 보이고, 그 위에 작은 얼음덩어리들이 굴러다닌다. 이처럼 이국적인 지표면의 수백 킬로미터 아래에는 행성 전체를 덮는 대양이 있을 것이다. 한마디로 말해 타이탄은 신기하고 경이로운 세계이며 그 질소 대기 속에는 유기체가 풍부해 초기 지구를 (섭씨 영하 180도로) 얼려놓은 것과 같다.

하지만 이것은 현재의 얘기다. 40~50억 년이 지나 태양이 지금보다 100배 이상의 에너지를 뿜어대면 지구는 그 훨씬 전에 사멸하고 외태양계가 번성할 것이다. 타이탄에서 생명이 진화할 수도 있고(몇몇 과학자들이 지금도 타이탄에 살고 있다고 주장하는 기이한 생물들을 포함해서 말이다) 화성이 생기를 회복할 수도 있으며 유로파의 두꺼운 얼음이 녹을 수도 있다. 태양계가 사멸하기 전 10억 년 동안에 외태양계에는 특별한 여명, 즉 두 번째 생명의 도래기가 온다. 하지만 지구 생명의 역사를 참조해보건대 미생물이 등장하는 데만 해도 10억 년은 턱없이 부족하다. 지적 생명체가 타이탄에 터를 잡을 유일한 가능성은 우리의 먼 후손이나 또는 우리 뒤를 잇는 다른 종이 지구가 너무 뜨거워지기 전에 그곳으로 이주하는 경우뿐일 것이다.

그리고 태양은 부풀어 올라 적색거성(赤色巨星, red giant star)[40]이 된다. 늙은 태양은 팽창하면서 끝을 향해 치닫고, 점점 빠른 속도로 연료를 소모한다. 팽창의 절정에 다다른 태양은 지금보다 2,000배 밝게 빛나며 타이탄의 거주 생물을 비롯해 살아 있는 모든 것을 태울 것이다. 이때쯤이면 태양계의 진정한 얼음덩어리들, 즉 천왕성과 해왕성의 위성들 및 이중행성인 명왕성-샤론[41]은 비

---

**40** 지름이 태양의 수십에서 수천 배에 달하는 별로 온도가 낮다. 별의 일생에서 주계열 다음 단계이다.
**41** 샤론은 그 크기가 명왕성과 크게 차이 나지 않는다. 천문학자들에 따라 샤론을 명왕성의 이중행성(double planet)으로 분류하기도 한다. 그러나 명왕성이 태양계 행성에서 퇴출된 현재 '위성'이나 '이중행성'이란 말은 모두 잘못된 표현이다.

교적 쾌적한 오아시스로 변할 것이다.

태양은 팽창의 절정을 넘어서면서부터 수소보다는 헬륨을 연소하며 1억 년 동안 식어간다. 끝장난 우리의 행성은, 만약 지옥의 직격을 맞고도 살아남는다면(현재의 이론에 따르면 그럴 것이다) 천천히 식고 그 표면은 다시 딱딱해진다. 태양은 재처럼 미약하게 빛나는 백색왜성(白色矮星, white dwarf)[42]으로서 최후를 맞을 것이며 그 수하인 행성들은 영겁에 걸쳐 단단하게 얼어붙을 것이다.

이게 끝은 아니다. 끝의 시작도 아니요, 시작의 끝도 아니다. 우주의 진정한 끝을 보려면 50억 년 정도는 가볍게 짓밟고 나아가야 한다. 우주에 있어서 50억 년이란 눈 깜빡 하는 것보다 짧고 그러기 위해 전달되는 신경의 꿈틀거림보다도 못하다.

프레드 애덤스는 시간의 종말에 대해 진지하게 고찰한 사람 중한 명이다. 애덤스는 동료 그레그 로플린(Greg Laughlin)과 함께 1990년대 후반에 선보인 과학책 중 가장 흥미진진한『우주의 다섯 시대』(*The Five Ages of the Universe*)를 집필했다. 애덤스와 로플린은 우리 행성의 종말을 넘어 수조 년 후의 미래를 들여다본다. 그들의 결론에 따르면 별반 기대할 만한 것은 없다.

............................................................

**42** 항성이 거성 단계를 지나 축퇴한 단계. 별의 종말은 그 질량에 따라 다르며 찬드라세카르 한계(태양 질량의 1.44배)보다 질량이 큰 별은 중성자별이나 블랙홀이 된다. 그 미만은 백색왜성이나 갈색왜성이 된다.

끔찍한 과거에 집착하는 것은 결코 바람직하지 않다. 하지만 빅뱅이 137억 년 전에 일어난 사건이라는 사실은 대부분의 천문학자들과 일부 일반인들에 의해 정설로 받아들여지고 있다. 130억은 재무장관들이 자주 쓰는 말이다. 재산이 130억 달러인 사람들도 있고 130억 파운드인 사람도 있다. 130억은 다섯 손수레 분량의 모래알갱이 수이다. 130억은 당신이 재수가 좋아서 오래 살았을 때의 수명을 초로 환산한 다음 5를 곱한 수이다. 시간이 시작된 것은 아주 먼 옛날이다. 하지만 인식할 수 있는 시간이다.

시간의 끝은 전혀 다른 문제다. 그래서 프레드 애덤스는 "우주 십기"(宇宙十期, cosmological decade)라는 개념을 도입한다. 이것은 터무니없이 큰 시간을 다루기 위한 대수적 단위이다. t가 빅뱅 이후 경과한 시간을 년 수로 나타낸다고 할 때, 어떤 시간이든 10의 몇 승으로 표현할 수 있다. 즉 빅뱅 이후 100년 혹은 10년은 2우주 십기다. 100만 년은 6기다. 우리는 10우주십기에 살고 있다. 즉 우주의 나이가 100억 년에서 11우주십기인 1,000억 년 사이라는 말이다. 십기는 대수적 단위이기 때문에 오랜 시간이 흘러도 비교적 작은 수로 남는다. 11우주십기가 되면 우주의 나이는 지금보다 10배에서 100배 사이다. 즉 1,000억 년에서 1조 년 사이다. 이 정도 되면 상상할 수 없을 만큼 먼 미래다. 하지만 애덤스와 로플린은 이만큼의 시간이 흘러봤자 우주는 아직 첫걸음도 떼지 않았다고 지적한다. 그럼, 이 광대한 진열장에는 무엇이 들어 있을까.

답은 전투다. 중력과 엔트로피(entropy)의 싸움이다. 엔트로피란 시간이 흐르면서 어떤 물리계가 무질서해지는 정도를 말한다. 중력이 이기면 모든 사물이 한데 모일 것이다. 그렇지 않으면 우주는 끝없이 흩어질 것이다. 많은 우주학자들은 아주 최근까지 중력이 최후의 승자일 거라고 믿었다. 지금 이 순간 은하단들은 서로에게서 멀어지고 있다. 하지만 우주에 충분한 질량이 존재한다면 모든 사물에 의해 만들어진 중력 우물이 우주의 팽창을 역전시킬 것이다.

과연 우주에는 현재 진행 중인 은하의 맹목적 팽창을 멈출 만큼 충분한 물질이 있을까?

이것은 대답하기 어려운 질문이다. 먼저 우주의 무게를 잰 다음 눈에 보이는 항성·은하·성운 등등의 물질과 비교해보아야 한다. 이론적으로는 놀랄 만큼 쉬운 일이다. 천문학자들은 은하의 중력장이 주변에 미치는 영향을 관측하여 그 은하의 무게를 잰다. 실제로는 그리 만만치가 않다. 은하 안에서 움직이는 우리 태양의 속도를 계산하고 주변의 항성들과 먼지 등등의 알려진 위치를 이용해 그 속도를 설명하려 한다고 치자. 눈에 보이는 물질들만으로는 이 운동을 설명할 길이 없다. 해왕성을 발견한 과정과도 비슷하다. 천문학자들은 어떤 물체의 중력장이 천왕성을 밀어내서 그 궤도가 비정상적이라는 것을 알고 있었다. 그 미지의 물체는 결국 훌륭한 하나의 행성이었다. 하지만 항성과 은하의 경우는 그리 쉽게 풀리지 않아 1930년대부터 저 멀리 어딘가에 아주 이상한 물체가 있다는 논쟁이 계속되었다.

간단히 말하자면 관찰 가능한 물체들의 운동을 설명하기 위해서는 우리 눈에 보이는 것보다 몇 배 더 많은 물질이 필요하다는 이야기다. 이 보이지 않는 물질들을 암흑물질(dark matter)이라고 한다(그렇게 부르는 이유는 말하지 않아도 분명할 것이다). 해왕성과 달리 암흑물질의 정체는 수수께끼다. 많은 천문학자들은 암흑물질이 일반적인 물질과 중력상으로만 상호작용하는 어떤 입자, 또는 입자의 군집일 거라 믿고 있다. 이 입자의 구름이 우리 몸에 있는 세포 하나하나를 쌩하니 통과하더라도 우리는 아무것도 느끼지 못할 것이다. 하지만 상황은 그보다 더욱 좋지 않다.

우주가 영원히 팽창하느냐에 대한 해답은 2003년, NASA의 '윌킨슨 극초단파 비등방성 탐사장치'(Wilkinson Microwave Anisotropy Probe, WMAP)에 의해 일차적으로 나온 바 있다. 이 장치는 태양과 우리 행성의 중력이 균형을 이루는 곳, 즉 지구에서 150만km 떨어진 지점에서 안정적인 궤도를 돌고 있다. 2001년에 발사된 WMAP는 아주 민감한 망원경 한 쌍을 이용해 우주배경복사(cosmic microwave background radiation) 속의 불규칙성을 측정했다. 배경복사란 빅뱅 이후 사방으로 퍼져나가는 열기를 말한다. 이 장치 덕분에 우주의 나이가 40만 살에 이르기 이전에 발생했던 변화들을 측정해 지도로 만들 수 있었다. 지도에 의하면 우주는 우리가 생각했던 것보다 훨씬 기이하다.

WMAP가 제공한 바에 의하면 관측 가능한 범위 내에는 정확히 우주가 붕괴하지 않을 만큼의 질량이 존재한다. 다른 곳들도 마찬가지라면 우주는 그 속도를 늦추는 법이 없이 영원히 팽창할 것이다. 하지만 물질과 반(反)물질을 모두 합해도 지금의 우주 모양을 만들기에는 충분치 않다. 그 간극을 메울 무언가가 필요하다. 그 무언가란 '암흑에너지'(dark energy)란 이름의 이상한 반(反)중력(anti-gravity)이다. 이 암흑에너지가 우주의 70%가량을 구성하는 것으로 보인다.

요약해보자. 우주를 구성하는 것은 세 가지 물질이다. 우선 일반 물질, 또는 '바리온'(baryon) 물질이 있다. 원자와 전자 등등 우리와 친숙한 물질이 그것이다(혹은 그와 등가의 에너지를 말한다. 아인슈타인이 말한 바대로 물질과 에너지는 동전의 양면이다). 이것들이 우주의 5%를 차지한다. 그 다음, 물질이긴 하지만 정체를 알 수 없는 암흑물질이 25%를 차지한다. 마지막은 이름만큼이나 불길한 암흑에너지다. 모든 사물의 70%는 사방으로 퍼져나가는 요상한 힘의 장(場)이 차지하고 있다.

만약 WMAP의 자료가 잘못되었으며, 어떤 수학적 변덕에 의해 우주가 자신을 잡아끌 만큼 충분한 물질을 갖고 있는 것으로 밝혀진다면 우리에게 다가올 미래는 어떤 것일까. 팽창하기만 하는 우주의 수명이 영원에 가깝다면 다시 수축하는 '닫힌' 우주의 존재 기간은 찰나에 불과하다. 팽창은 한 번 멈추면 최소한 200억 년 동안은 다시 발생하지 않는다. 우리의 태양을 비롯해 밤하늘에 빛나는 별들의 상당수는 그보다 훨씬 전에 죽는다. 태양계에서 가장 가까운 항성인 프록시마센타우리는 타는 속도가 느리고 크기도 작기 때문에 여전히 빛날 것이다. 물론 새 항성도 탄생할 것이다.

잊지 말자. 지금 얘기하는 것은 실제 우주와 다르다. 하지만 닫힌 우주의 진화를 계속 추적해보자. 330억 년 후 우주의 크기는 지금의 두 배이며 이때 빅뱅에서 유래하는 배경복사의 온도는 현재의 절반인 1.4K[43]이다. 우주의 엔트로피는 이 시기에 최대가 된다.

그 후 흥미로운 일이 벌어진다. 우주의 물질들은 서로를 향해 떨어지기 시작한다. 항성 개개뿐 아니라 멀리 떨어져 있던 은하들이 가속을 멈추고 가까워진다. 하늘도 좁아지기 시작한다. 우주의 탄성이 최대에 이른 후 200억 년이 지나면 그 크기는 오늘날과 비슷해지고 물질들의 집적도 또한 마찬가지가 된다. 우주의 거시적 구조, 즉 초은하단(supercluster)의 초대형 군집 속에 응집된 거대 실과 층들은 그 후 100억 년가량 유지된다. 그 다음에 우주는 하나의 거대 초은하단(gigantic supercluster)이 된다.

만약 지구가 이러한 단계까지 살아남는다면 겉보기에는 하늘이 지금과 크게 달라 보이지 않겠지만 일단 망원경을 통해 그 속을 들여다본다면 무슨 일이 벌어지고 있다는 것을 알아챌 것이다. 수십억 년이 더 지나면 은하들이 서로 모이고 우주는 현재 크기의 1% 정도로 작아진다. 프록스타월드B[44]에서(다른 어떤 행성에서든 마찬가지지만) 바라보는 밤하늘은 이전보다 훨씬 밝고 별들은 더욱 찬란하게 빛난다.

그 후 1,000만 년이 경과하면 우주의 배경복사는 섭씨 0도에 도달하고 진정한 의미의 어두운 하늘은 존재하지 않는다. 아주 두꺼운 먼지구름에 둘러싸인 크리킷[45] 같은 행성계를 제외한다면 말이

---

43 여기서 K(켈빈)는 절대온도다. 절대영도는 섭씨 −273.15도다.

44 『히치하이커』에 등장하는 행성 중 하나. '신발 사상의 지평선' 사건, 즉 신발 가게가 끊임없이 늘어나는 현상 때문에 멸망했다. '전체를 조망하는 소용돌이'가 만들어진 곳이기도 하다.

45 『히치하이커』에 등상하는 행성 중 하나. 우주를 떠다니던 컴퓨터 '핵타'를 해체한 결과 발생한 먼지구름에 싸여 있다. 그 때문에 하늘이 완전히 검어 크리킷의 주민들은

다. 하늘에서 이와 같은 스릴 만점의 장관이 펼쳐진다 해도 생명체는 충분히 견뎌낼 수 있다. 추위가 완전히 사라짐과 동시에 각 항성계의 주위에서 얼어 있던 카이퍼대(Kuiper-belt)[46]의 물질들이 녹기 시작한다. 이러한 물질들과 수없이 많은 혜성들, 그리고 기타 얼어붙은 물체들 속에 갇혀 있는 것으로 추정되는 낯선 생체화합물들이 새 생명체를 탄생시킨다. 우주가 죽음을 얼마 남겨두지 않은 시점에서 생명이 전례 없이 개화한다는 것은 실로 씁쓸한 모순이라고 하겠다.

우리 태양계, 또는 그때까지 남아 있는 태양계의 잔재 중에서 목성·토성·명왕성·샤론·해왕성 등의 차가운 위성과 미란다(Miranda)[47] 등에는 따뜻하고 쾌적한 환경이 다시 한 번 도래할 것이다(그 첫 번째는 수십억 년 전 태양이 부풀어 올라 적색거성이 되었을 때였다). 하지만 600만 년이 더 지나면 우주의 생명체 대부분은 소멸한다. 밤하늘은 현재 지구의 낮보다 더욱 밝게 빛나고 우주의 배경복사는 섭씨 100도, 즉 물의 끓는점을 넘어선다. 측정 불가능한 수의 생태계가 태어난 지 수백만 년도 되지 않아 순식간에 사라진다.

이제 상황은 진정 스릴 만점으로 치닫기 시작한다. 그런데 밀리웨이즈의 손님들이 이국적인 저녁식사와 질 좋은 포도주를 한껏 즐길 수 있도록 배경이 되어 주는 것이 바로 이와 같은 파국이다

우주의 존재를 알지 못한다.
**46** 태양계를 둘러싼 먼지와 얼음의 층.
**47** 천왕성의 제5위성.

(이 시점에서 생명체는 살아남을 수 없다. 밀리웨이즈의 손님들은 식당 전체를 종말의 앞뒤로 움직여주는 인공적인 힘의 장과 편리한 시간거품(time bubble)에 의해 다행히도 보호된다). 어쨌든, 온도가 올라가면서 별들이 점화를 시작하고 그 표면은 끓어올라 공허 속으로 사라진다. 장관은 우주 어느 곳에서 보든 동일하다. 이로부터 10만 년이 지나면 우주는 혼란의 장이 된다. 이때 우주의 크기는 고작 100만 광년 정도로 21세기의 1만분의 일에 불과하다. 오늘날의 은하수(Milky Way)와 안드로메다 나선은하(Andromeda spiral) 사이의 거리보다 더 작은 공간에 우주 전체가 들어가는 것이다. 밤하늘은(딛고서서 밤하늘을 감상할 만한 물체가 남아 있다면 말이지만) 현재의 태양 표면보다 더욱 밝고 뜨겁다.

배경복사가 섭씨 1,000만 도에 달하면 남아 있던 모든 항성들이 거의 동시에 폭발한다. 이제 직경이 수 광년에 불과한 우주는 초대형 수소폭탄으로 변한다. 모든 고체와 기체 거성들의 밀집된 핵이, 심지어는 경이적일 정도로 단단한 중성자별마저도 거대한 소용돌이 속으로 증발한다. 복사(輻射, radiation)가 물질과의 싸움에서 승리하면서 원자 역시 빅뱅 이후 수천 년이 흐른 뒤 그랬던 것처럼 양성자(proton)와 전자(electron)로 나뉜다. 결국 종말을 몇 백 년 앞두고는 아원자수프(sub-atomic soup)마저도 해체되기 시작한다. 우주는 중력의 힘으로 돌아가는 거대한 배합기 속에서 낱낱이 분쇄된다.

최후의 몇 초간 밀레웨이즈의 손님들은 빅뱅의(돈을 들여서 일부러 빅뱅 햄버거 식당에 갈 필요는 없을 것이다. 6장을 보라) 되감기를 감상한다. 수백억 년 동안 분리되어 있던 힘들, 즉 강한 핵력, 약한 핵력, 전자기력, 중력이 승리의 환호성을 올리며 재결합한다. 최소한으로 얘기해서, 시간은 얼마 남지 않는다. 우주는 원자 하나보다 아주, 훨씬 작아진다. 이때의 우주 대 원자의 크기 비율은 오늘날의 우주 크기에 대한 원자 하나의 비율보다 훨씬 작다. 그리고 물리법칙은 블랙홀의 중심에서와 마찬가지로 발뺌을 하며 잘 차려놓은 점심을 먹기 위해 긴 여행을 떠난다.

프레드 애덤스에 의하면 "그 다음에 무슨 일이 벌어질지 우리는 알지 못한다." 그저 간단히 말해서, 종말일 것이다. 물질도 없고 에너지도 없으며 시간도 없고 물리법칙도 사라지며 하품 나는 공허조차 존재하지 않을 것이다. 우주는 그저 소지품을 챙긴 다음 무대에서 퇴장한다. 신이 있다면 연장들을 챙긴 다음 푹 쉬기 위해 떠나면서 이렇게 말할지도 모른다. '아, 다 끝났네.'

이 전체 과정이 되풀이될 가능성도 있다. 만물이 냄비 바닥에 들러붙었다가 몇 초 후 다시 쏟아져 나오는 것이다. 이처럼 우주가 생과 사의 영원한 주기 속에서 빅뱅과 빅크런치 사이를 무한히 반복한다는 가설은 이미 우주학(cosmology) (그리고 불교) 안에 들어 있다. 빅바운스(Big Bounce)가 바로 그것이다.

공상은 이쯤이면 충분하다. 오늘날 관측할 수 있는 은하의 팽창을 능가하고 우주를 붕괴시킬 만한 중력이 존재하기 위해서는 그에 맞는 물질과 에너지가 필요하다. 주지하다시피 천문학자들은 만물이 흩어지는 것을 막기에 충분한 양의 물질들을 아직 찾지 못했다. 10분의 1은 고사하고 100분의 1도 말이다. 죽은 항성과 블랙홀과 커튼 너머 어딘가에 숨어 있다는 신비한 암흑물질의 거대한 구름과 심지어 암흑에너지까지 끌어들여서 우리가 관측할 수 없는 기이하고 이상한 잡동사니들을 다 모은다 해도 부족하다.

빅크런치 개념도 으스스하지만 그보다 훨씬 무시무시한 가능성이 있다. 종국에 우리를 기다리는 것은 싸늘한 영원과 처참할 만큼 우울한 무(無)뿐이라는 빅프리즈(Big Freezc)가 그것이다. 수소년 동안 생명체들은 평상시와 다름없이 살아간다. 우주에 생명이 등장할 확률은 점점 높아질 것이다. 우리가 주위에서 보는 항성들은 대부분 초신성, 즉 지난 130억 년 동안 폭발한 태양들의 잔재를 재활용해 만들어진 것들이다. 대형 항성이 사멸하면 그 중심에 있는 핵융합로(nuclear furnace)가 주기율표를 따라 원소들을 게걸스럽게 먹어치우며 수소를 헬륨으로, 헬륨을 리튬으로, 리튬을 베릴륨으로, 베릴륨을 보론으로 바꾸어놓는다. 이처럼 죽어가는 별들의 재 속에 남는 원소들은 우리가 익히 알고 사랑해왔던 탄소·철·산소·황·금 등등이다. 우리들은 문자 그대로 별의 자손들인 것이다.

이후 다가오는 영겁 동안 별에서 나온 물질들은 훨씬 많이 늘어난다. 현재 세대의 항성들은 100억 년에 걸쳐 모두 죽고 그 핵은 폭발하면서 더욱 무거운 원소들을 우주에 뿌린다. 먼 미래로 가면 실리콘·산소·철이 풍부해지면서 행성 형성의 황금기가 도래할 것이다. 이처럼 프레드 애덤스가 "별이 넘치는 시대"라고 표현한 시기는 14우주십기 즉 우주가 지금보디 1민 배 떠 나이를 벅을 때까지 계속된다. 이 시기는 또한 생명의 황금기이기도 하며 우주는 진정한 "스타워즈"의 세계이다. 즉, 우리는 생명처럼 복잡한 것이 우주에 등장하는 단계에서 비교적 초기에 머무르는 것일 수도 있다. 이것이 우리가 왜 아직 외계인을 만나지 못했는가를 설명해줄 수도 있다(이것은 어디까지나 가정이다. 항성 탄생 비율이 이미 그 정점을 지나서 SF작가들이 사랑해 마지않는 전 우주 규모의 문명이 오래전에 사라졌을 수도 있다. 이것 역시 외계인을 볼 수 없는 이유가 된다. 즉, 이미 모두 죽은 것이다).

빅크런치 시나리오에서 예견할 수 있는 우주의 나이보다 훨씬 더 많은 100조 년째가 되면 최후의 항성이 꺼지고 새 항성을 만들 수 있는 연료의 공급이 끝난다. 옹색하게 쪼그라든 적색왜성은 남은 수소를 믿을 수 없을 만큼 적은 비율로 소비하면서 수조 년 정도 생계를 이어갈 수도 있다. 만약 정말로 우주에 생명이 흘러넘친다면, 모든 은하계에서 이처럼 얼마 남지 않은 열원을 찾아 떠나는 대규모 이주가 일어날 것이다.

100조 년 후의 우주는 어마어마하게 크고 매우 어둡다. 물론 천체들은 많이 남아 있다. 죽은 별과 갈색왜성(brown dwarfs),[48] 백색왜성, 그리고 중성자별과 블랙홀들 말이다. 행성들과 가스구름과 먼지와 상당량의 암흑물질, 그리고 존재하는 것은 분명하나 물리학자들도 정체를 모르는 요상한 덩어리들도 남는다.

은하들은 어두울지 모르나 서로 들러붙는다. 우주십기가 진행되면서 늙은 우주에도 활력의 기회가 찾아온다. 예를 들어 항성

---

**48** 백색왜성과 함께 질량이 태양의 1.44배 이하인 별들이 맞이하는 일생의 최종 단계다.

충돌(star collision)은 우리가 익히 아는 10억 년대의 시간 속에서는 드문 일이다. 그러나 15번째 우주십기, 즉 1,000조 년과 1경 년 사이는 이런 사건을 흔하게 여길 수 있을 만큼 긴 시간이다. 갈색왜성은 가끔 벌어지는 항성 충돌에 천연자원을 공급한다. 항성 충돌의 결과는 단지 두 개의 부서진 항성만을 내놓을 수도 있지만, 기하학이 맞다면, 두 개의 수소덩어리가 핵융합을 일으킬 정도로 거대하게 합쳐질 것이다. 바로 새로운 태양이 탄생하는 것이다. 이 시기에 우리 은하계와 같은 크기의 은하에는 100여 개의 새로운 태양이 존재하고, 이들의 출력을 합하면 현재의 우리 태양과 비슷할 것이다. 이와 같은 항성 충돌에서 뿜어져 나온 가스들 속에서 행성계가 탄생할 수도 있으며, 당연히 그 속에서 생명이 태어날 수도 있다.

이 시기의 생명체들은 공허 속에 홀로 존재한다. 만약 이들이 천문학을 충분히 발달시킨다면 우주 초기, 즉 우리가 살고 있는 지금 시대의 밤하늘이 빛으로 반짝였음을 알고 그 상상 불가능한 장관에 경이로워할 것이다.

그 다음은 솔직히 우울하다. 은하들은 별의 잔재를 흩뿌리며 망해간다. 물론 여러 천체들이 충돌하며 우주를 뒤흔드는 경우도 없지는 않다. 적절한 질량의 백색왜성이 충돌하는 등의 격변이 발생하면 그 속에서 탄소와 헬륨을 태우는 항성처럼 짧은 생을 살다가는 짐승들이 탄생하기도 한다. 하지만 이와 같은 일은 드물고, 우리가 상정한 대수적 십기가 진행되면서 그 빈도는 더욱 떨어진다. 갈색왜성의 충돌에서 탄생했던 작은 별들도 결국 연료를 모두 소비한 후 죽는다. 우주 속에 이지할 만한 에니지 공급원이라고는, 살아남은 백색왜성의 핵 속에서 생겨나는 암흑물질이 사라지면서 발생하는 에너지뿐이다. 20우주십기 내내 우주에서 가장 따뜻한 열원은 이처럼 암흑물질을 태우는 것들이다. 그 표면에서 복사되는 열은 전혀 마음에 들지 않는 영하 210도로, 이는 냉랭하기 그지없는 타이탄의 현재 표면온도보다 낮다.

30번째 우주십기가 되면 물질 자체가 위기에 처한다. 원자핵을 이루는 핵심요소의 하나인 양성자는 항간의 믿음과 달리 영원하지 않다. 양성자의 평균수명은 10조 년의 1조 배의 1조 배의 1조 배로 길 뿐이다. 양성자가 소멸하는 과정에 대해서는 거의 알려진 것이 없을뿐더러 이 평균수명 역시 어림잡은 것에 불과하지만 프레드 애덤스가 말하듯 "양성자도 영원 앞에서는 금세 사라진다." 그리고 영원이란 팽창하는 우주가 양동이에 담아놓은 그 무언가에 불과하다.

죽어가는 우주에 남은 진짜배기 마지막 연료는 양성자 잔해다. 이 시점까지 살아남은 백색왜성의 잔여물은 얼마 안 되는 동력을 얻기 위해 걸신들린 사람처럼 자신의 몸을 소모한다. 물질의 기본 원소 하나가 방사될 때마다 400와트 정도가 생성된다. 즉 37에서 40우주십기 동안 전 은하들(혹은 그 찌꺼기들)이 내뿜는 에너지는 현재 지구상의 작은 마을 하나가 소비하는 그것과 비슷하다. 우주는 현재의 항성 하나보다도 활기가 떨어진다. 우주의 저편에서 탄생한 지 얼마 안 되는 항성들은 달의 17분의 1에 해당하는 크기에 투명하고 단단한 빛덩어리가 되어 생애를 마친다. 중성자별과 남아 있던 행성들도 결국 같은 운명을 맞는다. 만약 지구가 이때까지 살아남는다 해도(완전히 불가능한 것은 아니다) 체셔고양이의 미소처럼 순식간에 깜빡이고는 사라진다.

남는 것은 기본 입자와 복사의 바다다. 그리고 블랙홀이 있다. 사람들은 극히 최근까지 이 악명 높은 괴물이(블랙홀은 붕괴된 항성으로 그 중력이 커서 빛조차 탈출할 수 없다) 영원히 살 거라고 생각했다. 하지만 1974년, 영국의 물리학자 스티븐 호킹은 블랙홀도 다른 물질과 마찬가지로 증발할 운명이라는 것을 밝혀냈다. 양성자가 그랬듯 현재의 우주론 속에서 영원히 존재할 수 있는 것은 거의 없다.

40우주십기가 되면 존재하는 것은 블랙홀뿐이다. 블랙홀은 절대영도보다 1,000만분의 1도 높은 열을 발산함에도 불구하고 전 우주에서 가장 뜨거운 지점으로 남는다. 이를 설명해보자. 양자중력(Quantum gravitation)[49]의 특이성 덕분에 블랙홀의 표면은 이미 밝혀진 바대로 완전한 검정이 아니다. 블랙홀의 질량 중 일부는 계속 복사열로 바뀌어 우주로 천천히 새나간다. 배경복사가 일정 수준 이하로 넓어지면 블랙홀은 받는 것보다 더 많은 열을 내보낸다(현재의 배경복사는 아주 높기 때문에 블랙홀은 주는 것보다 더 많이 받는다). 블랙홀은 작아질수록 뜨거워진다. 마침내 40우주십기가 되면 영겁의 세월 만에 처음으로 우주에 가시광선이 다시 등장한다. 태양급 질량의 블랙홀은 수억 년의 1조 배의 1조 배의 1조 배 동안 살아남으며 그동안 이 도시 크기의 천체는 영사기 정도의 빛을 뿜어낸다.

---

**49** 중력을 설명하는 일빈 닝대곤과 나서서 세 힘을 설명하는 양자역학을 통합시키기 위한 이론물리학.

67우주십기가 되면 블랙홀은 너무 작아져서 안정성을 유지하지 못한다. 블랙홀은 눈부신 번쩍임과 함께 폭발하며 오늘날 전 세계의 핵무기를 합친 것보다 큰 에너지를 우주에 뿌린다. 이 폭발 속에서 양성자와 중성자와 지금은 알 수 없는 입자들이 탄생한다. 이렇게 우주 속에 다시 한 번 등장한 물질은 양성자가 붕괴하면서 다시 불구가 된다. 가장 큰 블랙홀은 100우주십기, 즉 우주의 나이가 $10^{100}$살이 되는 동안 살아남는다. 정말 큰 블랙홀이라면 영원히 존재한다고 할 만할 것이다.

이제 우주는 더할 나위 없이 음침해지고 암흑시대가 도래한다. 물질도, 열도, 빛도, 별도 없고 별의 잔해조차 존재하지 않는다. 우리의 용맹스러운 블랙홀조차 (아마도) 사라진다. 남는 것은 전자와 양전자(陽電子, positron)와 중성미자(中性微子, neutrino)와 광자(光子, photon) 등의 가장 기본적인 입자들뿐이다. 이것들이 상상할 수 없을 만큼 성기게 우주에 퍼진다.

그 다음은? 알 수 없다. 가장 기운 빠지는 가설은 우주가 이대로 영원히 지속되고 흥미로운 사건은 두 번 다시 발생하지 않는다는 것이다. 일부 물리학자들은 시간이 충분히 지난 후에(시간만은 지나칠 만큼 충분하다) 얼음이 녹아 물이 되는 것과 같은 상전이(相轉移)가 진공 속에서 발생하여 새 우주, 또는 새 우주들이 옛 우주의 시체 속에서 반짝 하며 다시 태어날 거라고 믿고 있다.

우리 우주가 맞이할 가장 유력한 운명은 두 가지인 것으로 보인다. 즉, 밀리웨이즈의 손님들이 디저트를 다 먹고 커피를 그리워하면서 누가 집으로 가는 우주선을 몰 것인지 고민하며 감상할 광경은 두 가지이다. 우리 우주가 닫혀 있다면 그 끝은 500억 년 후일 것이며 화려할 것이다. 반면, 이쪽의 가능성이 훨씬 높거니와, 엔트로피가 전투에서 승리한다면 대단원은 우울하며 다가오기까지는 오랜 시간이 걸릴 것이다. 하지만 다른 가능성도 있다. 몇몇 과학자들은 천체들을 밀어내고 있는 정체불명의 반중력장, 즉 암흑에너지가 시간에 따라 강해질 것이라 믿는다. 그리고 어느 순간 암흑에너지가 폭발하면서 초은하단과 은하와 항성과 행성과 원자를 찢어버린다. 이를 빅립(Big Rip)이라고 한다. 우리가 전 우주라 믿고 있는 것이 사실은 훨씬 장대한 전체의 일부일 수도 있다. 그렇다면 이 만물의 변방이 맞이하는 운명도 국지적인 사건에 불과할 것이다. 다른 연구가들은 아인슈타인의 경구, 즉 "물리학은 가능한 한 간단해야 하지만 거기에도 정도가 있다"를 빌려와 이와 같은 미지의 힘과 실체 없는 암흑물질의 도입을 거부한다.

어느 쪽이든 간에 지적 생명체에게 다가올 나날은 고되다. 성간 여행은 제쳐놓자. 선구적인 노선을 걷는 물리학자 미치오 가쿠(加來道雄)는 물질과 에너지를 우주 규모로 만들고 조작할 수 있어야 공간도약 우주선(jumping ship)을 만들 수 있다고 주장한다. 예를 들면 이런 에너지를 보존하기 위해 죽어가는 항성과 블랙홀의 둘레에 보호막을 쳐야 한다는 것이다.

가쿠가 자신의 저서 『평행우주』(Parallel World)에서 보여주는 한 가지 가능성은 "맨해튼 크기에 태양보다 무거운 준선가별들을 기두어 소용돌이 형태로 배열"하는 것이다. 즉 고리 모양의 블랙홀을 인위적으로 만들고 그 속을 멀쩡하게 통과해서 가까운 평행우주로 여행한다는 것이다. 되돌아올 수 있는 방법은 없다. 하지만 가쿠가 말하듯 "고도의 문명이 멸종을 피할 수 없게 되면 선택할 수 있는 것은 일방통행의 여행뿐이다."

새 우주를 만들고 그 안으로 뛰어드는 것도 한 가지 방법이다. 우선 각 종류의 기초 입자들을 $10^{98}$개 만들어야 한다. 그리고 상상할 수 없을 만큼 강력한 레이저 광선을 이용해 앞서 만든 재료들을 불가능할 만큼 작은 부피로 압축해야 한다. 일이 잘되면 이 순간 아기 우주가 탄생하면서 우리 우주와 연결되는 임시 웜홀이 열릴 것이다. 이 웜홀이 닫히기 전에(닫히는 순간 핵무기에 버금가는 폭발이 일어난다) 그 속으로 뛰어들면 빅뱅 직후 우리 우주가 그랬듯 입자와 광자가 부글거리는 바다 한복판에 도착할 것이다. 수십억 년만 꾹 참고 기다리면 우주가 진화하고 이미 익숙한 항성과 행성이 태어날 것이다. 이 광경들은 최소한 처량하게 죽어가는 고향 우주보다는 흥미로울 것이다.

양방향 시간여행(9장을 참조하자)만 개발되면 위기에 처한 문명이 우주의 운명을 근본적으로 조작할 수도 있다. 미래에서 현재의 우주로 물질들을 가져온다면 우주의 팽창을 막을 수도 있다.

우주의 운명이 어떻든 간에 이를 구경하기 위해 밀리웨이즈에서 요금을 지불할 가치는 충분하다. 그리고 일단 그 끝을 한 번 보고 나면 반드시 반대편으로 가서 시작이 어땠는가도 관람하려 할 것이다.

# 6
## 빅뱅 햄버거 식당

자포드가 말했다. "그거 본 적 있어. 쓰레기야.

그냥 그냅깁(gnab gib)이라구."

"무슨 소리야?"

"빅뱅을 거꾸로 뒤집은 거지."

*우주 끝에 자리 잡은 식당*

빅뱅 햄버거 식당의 손님들이 맛없는 커피와 두 번 데운 고기를 먹으면서 눈앞에 펼쳐지는 광경을 보는 동안 그들의 머릿속에서는 우주론의 수수께끼들이 어지럽게 날아다니고 수많은 질문들이 떠오를 것이다. 예를 들면 이런 것이다. 이 모든 것들이 다 어디서 날아온 거지? 언제? 그 전에는 무슨 일이 있었지? 아니면 이런 의문점들은 "북극의 북쪽에는 뭐가 있지?"와 같은 범주오류(category mistake)로서 기각된 (최근까지 실제로 그랬듯) 질문일까? 하지만 범주오류의 비난이라는 건 단지 상식을 떨쳐버리기 위해 고안된 싸구려 철학적 속임수가 아니었나?

만약 물질, 에너지, 공간, 시간이 엄청난 폭발 한 번에 탄생했다면, 킹스크로스 역에 9와 3/4번 플랫폼이 없는 것과 마찬가지로 '그 이전'이란 없다. 이는 점차 그 수가 늘고 있는 과학자들이 말하는 것처럼 너무 그럴싸하다. 최근 밝혀진 많은 것들에도 불구하고 물리학은 여전히 인과의 법칙을 과도하게 선호하고 있다. 어떤 것이 있으려면 그에 선행하는 무언가가 있어야 하고 그 무언가에는 선행하는 또 무언가가 있어야 하고 등등. 만약 질문하는 그 어떤 것이 은하와 항성과 행성과 이 모두를 붙잡고 있는 힘을 포함한 총체, 즉 우주라면 그 원인을 뻔뻔하게 제쳐놓는 것은 너무 무성의하게 비친다.

창피함을 무릅쓰고 헛기침을 해보자. 우주가 무에서 튀어나왔다는 것이 반세기에 걸쳐 만물의 근원을 설명하는 주된 이론이었다. 빅뱅이론은 현대과학(modern science)에서 가장 유명한 것이 되었다. 뇌 크기가 행성보다 작은 모든 사람들은 상대성(relativity)의 현실을 실제로 받아들이기 어려워한다. 뇌 크기가 중간급 은하보다 작은 모든 사람들은 양자역학(quantum physics)을 이해하기 힘들어한다. 하지만 거대한 폭발로 인해 우리 눈앞의 만물이 등장했다는 얘기는 상상하기 힘들 만큼 만만치 않은 사실임에도 잘 먹혀들었다.

1920년대 초반에 논란을 일으킨 빅뱅이론에 따르면 우주는 점 크기의 에너지구(球)와 무한밀도로 압축된 물질들이 알 수 없는 이유로 폭발하고 팽창하면서 탄생했다. 얼핏 보면 참으로 훌륭한 가설이다. 예를 들어 이 가설은 왜 은하들이 (실제로는 은하단들이) 서로 멀어지는가를 설명해준다. 이것은 1929년 천문학자인 에드윈 허블(Edwin Hubble)에 의해 처음 발견되었다. 허블은 은하가 멀리 떨어져 있을수록 그 속에 들어 있는 수조 개 항성의 빛이 적색편이(赤色偏移, red shift)된다는 것을, 즉 가까운 곳에 있는 유사한 크기의 항성 집단보다 빛의 파장이 길어진다는 것을 알아차렸다. 당시 적색편이는 구급차가 다가올 때 사이렌 소리가 높아졌다가 구급차가 멀어지면 다시 낮아지는 도플러효과(Doppler effect)와 비슷한 것으로 설명되었다. 이제 과학자들은 적색편이가 공간을 늘여가며 점차 자라는 우주의 명시적 현상이라는 사실을 밝혀내었다.

빅뱅은 한 점에서 시작한 폭발이 아니다. 공간이 그 속에 든 물질과 함께 팽창하는 역사적인 사건이다. 빅뱅이 어디서 발생했는가는 무의미한 질문이다. 빅뱅은 모든 지점에서 발생했다. (과거를 향해) 하늘을 올려다본다는 행위는 곧 빅뱅의 불길을 들여다보는 것이다. 하지만 빅뱅이 언제 발생했느냐는 질문에는 의미가 있다. 그 답은 이미 알고 있다. 또는 곧 알게 될 것이다.

먼 은하들이 멀어져간다는 것이 한때 뭉쳐 있었다는 증거는 되지 못한다. 한동안 대안가설은 서로 멀어져가는 은하의 틈새를 메우기 위해 매년 1km³당 수 개의 수소원자에 해당하는 새로운 물질과 에너지가 끊임없이 만들어진다는 것이었다. 바로 정상상태이론(steady state theory)이다. 정상상태이론은 1940년대가 낳은 또하나의 이론이자 빅뱅의 초기 강력한 경쟁자였다. 이 이론에 따르면 우주는 어느 곳에서 관찰하든지 동일하다. 정상상태의 우주는 무한하고 변하지 않으며 동적이지만 진화론적 관점에서 보자면 본질적으로 한자리에 머문다.

정상상태이론은, 빙하기와 운성 충돌 같은 재난이 지구와 그 위에 사는 거주자들을 형성했다는 사실이 명백해지기 전까지 200여 년 동안 지구과학(Earth science)을 지배하고 있던 철학의 확장판이다. "태초의 자취도 없으며 종말의 징조 또한 없다." 1785년 스코

틀랜드의 위대한 지질학자(geologist) 제임스 허턴(James Hutton)이 한 말이다. 허턴은 복잡한 생물과 산맥의 진화를 설명하기 위해 반드시 필요한, 먼 과거에 대한 현대적 개념의 씨를 뿌리는 데에 다윈보다 더 지대한 공헌을 한 사람이다. 또 다른 스코틀랜드 지질학자인 찰스 라이엘(Charles Lyell)이 주장한 '동일과정설'(uniformitarianism)에 의하면 오늘날 우리가 주위에서 볼 수 있는 과정과 조건들은 과거에도 마찬가지였다. 일회성 재난이 과거 사건들의 원인이라는 생각은 이단적인 것으로 취급되었다. 이런 생각은 성경에 등장하는 홍수와 질병에 대한 반향이었다.

영국의 물리학자이자 작가인 프레드 호일(Fred Hoyle)은 정상상태이론을 지지했다. 하지만 다른 사람들은 이 이론을 독단적이고 기이한 것으로 간주했다. 새로 만들어지는 수소원자들은 어디서 오는가? 어떻게 갑자기 생겨날 수 있는가? 호일은 무에서 유래하는 서대한 폭발 역시 말이 안 되기는 마찬가지라고 반박했다. 호일은 1949년의 TV 토론회에서 그와 같은 개념을 조롱하기 위해 빅뱅이란 말을 만들어내기까지 했다.

정상상태이론과 빅뱅이론의 대립은 곧 동일과정설과 격변설(catastrophism)의 대립인 동시에 고대 철학논쟁의 재연이었다. 정말 그런 적이 있었던가? 아리스토텔레스는 이성적으로 판단하건데 무에서 유가 창조될 수는 없다고 말했다. 아우구스티누스는 신이 시간과 아원자입자와 렙톤(lepton), 쿼크(quark), 페르미온(fermion), 보존(boson) 떨거지들을 창조했기 때문에(물론 실제로 이렇게 말한 것은 아니지만) 우주 이전의 시간에 대해 논하는 것은 무의미하다고 했다. 결국 신학자와 철학자들이 오랫동안 제기해왔던 이런 질문들은 1950년대에 이르러 검증 가능한 물리학의 영역으로 고착되었다.

정상상태이론은 20세기 중반에 와서 연달아 타격을 받았다. 1963년에 발견된 우주배경복사는 치명타였다. 핵물리학자(nuclear physicist)이자 작가인 러시아계 미국인 조지 가모프(George Gamow)는 1940년대 후반에 이 현상을 예측했고 아노 펜지어스(Arno Penzias)와 로버트 윌슨(Robert Wilson)이 은하수로부터 흘러나오는 전파를 조사하여 이를 증명했다. 배경복사는 빅뱅의 희미한 잔영이며 관측 가능한 우주 안의 모든 항성과 은하에 가득 찬 절대 온도 3K의 열탕이다.

빅뱅의 손을 들어준 또 하나의 강력한 증거는 우주에 존재하는 수소 대 헬륨의 비가 9대 1이라는 사실이었다. 이는 여러 천문학자들에 의해 확인되었다. 1940년대로 돌아가보자. 가모프와 동료인 랠프 알퍼(Ralph Alpher)는 대폭발 이후 3분이 지나기 전에 아원자입자의 원시수프가 충분히 식으면서 안정한 양성자와 중성자가 물질을 만들었다는 사실을 계산해내었다. 이들은 이와 같은 빅뱅 핵합성(nucleosynthesis)에 의해 수소와 헬륨과 리튬이 생성된 비율이 9대 1이라고 계산했고, 이는 천문학자들이 발견한 비율과 일치한다(철·탄소·금 등의 다른 원소들은 이후 별의 폭발에 의해 만들어졌다).

20세기 중엽 망원경이 발달하고 다양한 파장의 전자파를 이용해 우주를 관측하는 방법이 발명되면서 아주 멀리 떨어진 우주(즉 먼 과거의 우주)와 현재 우주의 모습은 매우 다르다는 사실이 확인되었다. 100억 년 전 우주를 가득 채운 것은 항성 크기만 하면서 은하 전체를 밝힐 수 있는 에너지원, 즉 퀘이사(quasar)였다. 현재

이와 같은 퀘이사는 거의 찾아볼 수 없다. 다시 말해 우주는 프레드 호일이 주장한 것처럼 변화 없이 지속되지 않는다. 우주는 진화한다.

따라서 태초에는 아마 빅뱅이 있었을 것이다. 하지만 그에 찬동한다고 해서 우주가 어디서 왔는가, 왜 생겨났는가, 그 전에 무슨 일이 있었는가 등등에 대한 답을 얻을 수는 없다. 그런 질문 자체에 의미가 있다면 말이지만. 빅뱅은 우주가 탄생한 다음에 발생한 사건이다. MIT의 우주학자인 앨런 거스(Alan Guth)는 이 사실을 다음과 같이 우아하게 표현하고 있다. "빅뱅이론이 우리에게 준 것은 쾅(bang)뿐이다. 뭐가 쾅 했는지, 쾅 소리의 원인이 무언지, 어떻게 그랬는지 알 수도 없으며 솔직히 말해 그런 일이 있기나 했는지도 알 수 없다."

그렇다면 진짜 시작은 어떤 모습일까. 물리학자인 가브리엘레 베네치아노(Gabriele Veneziano)는 2004년 5월 「사이언티픽아메리칸」(Scientific American)에 '시간의 탄생에 관한 신화'(The myth of the beginning of time)라는 제목의 도발적인 글을 실었다. 베네치아노는 그 글을 통해 빅뱅 이전을 과학적인 금제로 삼지 말고 제대로 바라보자고 주장한다. 베네치아노는 그동안 빅뱅 후에 일어났을 거라 믿어져오던 대규모의 팽창, 즉 우주폭등(cosmic inflation)이 실제로는 그 전에 발생했다고 주장하다

폭등은 이른바 '지평선 문제'(horizon problem)를 해결해준다. 은

하들의 기본적인 물리적 특성은 어디서나 동일하다. 우리 은하수를 비롯한 모든 은하는 같은 비율의 동일한 천체로 이루어져 있다. 하늘은 딱딱하지 않고 잘 거른 국물처럼 부드럽다. 그렇다면 관측 가능한 우주공간의 모든 지역은 그 초기 조건 역시 동일할 것이다. 이를 우연의 일치라고 보기는 힘들다. 그리고 과학자들은 우연의 일치를 싫어한다. 이 사실을 설명하려면 뛰쳐나가는 은하들이 비슷한 초기 특성을 공유할 만큼 가까웠다고 가정해야 한다. 그러려면 초창기의 우주는 지금까지 생각하던 것보다 훨씬 작아야 한다.

우주가 0시에 팽창을 시작하여 최소한 $10^{50}$배 크기, 또는 무한대로 팽창하기까지 걸린 시간이 빛의 속도보다 빠른 $10^{-35}$초라는 이론이 등장한 것은 20여 년 전이다. 거스는 1979년 이러한 이론을 제안하면서 일종의 양자반중력장이 그처럼 급작스러운 팽창을 일으켰다고 주장하고 그 반중력장에 "인플라톤"(inflaton)이라는 이름을 붙였다. 이렇게 미친 듯한 폭발이 있은 직후 팽창 속도는 오늘날과 같은 정도로 안정되었다. 간단히 말하자면 우주의 진화에 있어서 가장 흥미로운 사건은 극도로 짧은 최초의 순간에 이뤄졌다. 1990년대 초 NASA의 우주배경 탐사위성(Cosmic Background Explorer Satellite, 우주학 전용으로 만들어진 최초의 우주선 COBE)이 찍은 사진, 그리고 WMAP이 우주의 냉점과 열점을 모아 만든 그림이 이 이론을 증명했다. 이를 통해 확인할 수 있는 미세한 차이들이야말로 우주가 1조의 1조 배의 1조 배분의 1초만큼 나이를 먹었을 때 발생한 순간적인 소용돌이의 흔적일 수 있으며 또한 당시에는 1mm 크기의 찌그러짐이었던 것이 지금은 수십억 광년에 걸쳐 새겨진 자취일 수도 있다. 베네치아노는 빅뱅 후 폭등하는 우주가 실은 시공이 가속하고 감속하며 끊임없이 상전이를 거듭하는 우주의 모습 중 하나이며 거기에는 끝도 시작도 없을 것이라 주장한다.

게다가 빅뱅은 네 가지 기본적인 힘, 즉 전자기력·강력·약력·중력이 기본입자와 함께 하나로 합쳐져 있던, 원시적인 특이점이 지닌 아름다운 대칭성을 깨뜨렸다. 물질과 반물질의 동등성 역시 파괴했다. 물리학자들이 계산한 바에 따르면 극성은 반대이나 전하량은 같은 입자들이 동일한 양만큼 만들어졌어야 한다. 하지만 자연계에서 반물질은 찾아볼 수 없다. 어디로 사라진 것일까? 1970년대 러시아의 물리학자이자 반체제 인사인 안드레이 사하로프(Andrei Sakhrov)는 빅뱅 당시 물질과 반물질의 사소한 양적 차이가 발생했고 그 결과 물질이 반물질을 집어삼켰다는 이론을 세웠다. 하지만 진실은 알 수 없다.

특이점(singularity)이란 불편한 존재다. 물질과 에너지는 특이점상에서 무한한 밀도로 뭉쳐 있으며 그곳에서는 물리법칙이 적용되지 않는다. 예를 들면 특이점상에서는 현재의 물리학자들이 골머리를 썩고 있는 아원자적 양자세계의 법칙과 중력 및 (아인슈타인의 전문 분야이기도 한) 시공의 법칙이 서로 통한다. 특이점을 찾을 수 있는 곳 중 하나는 다름 아닌 블랙홀의 중심이며 고전적인 의미의 빅뱅이란 폭발하는 블랙홀의 일종이다. 그렇다면 우리 우주에 존재하는 모든 블랙홀에서 새 우주가 탄생할 수도 있다는 흥미로운 가능성이 생긴다.

태초의 문제로 돌아가자. 물리법칙과 물리상수 자체가 진화하고 시간에 따라 변하는 모든 종류의 빅뱅 이전 가설을 세워볼 수 있다. 일례로 우주가 현재처럼 활기 넘치는 모습을 준비하며 그 전 단계로 멀리 떨어진 기본입자들을 잔뜩 포함하고 있는 널찍한 공허의 상태로 존재해왔다고 가정하자. 즉 거의 무(無)에 가깝고 거의 영원한 모습이었다고 가정해보자. 자, 이제 사건이 벌어진다. 물질이 한데 뭉치며 전이를 일으켜 블랙홀들이 연달아 태어난다. 그 결과 맹렬한 팽창, 즉 시공의 폭등이 발생하여 수많은 빅뱅이 벌어진다. 그 중 하나가 우리 우주다. 베네치아노는 이 가설을 들면서 다음과 같이 말한다. "폭발 이전의 우주는 빅뱅 후 우주와 거의 완벽한 거울상이다. 만약 우주가 미래 방향으로 무한하다면 과거 방향으로도 무한하다. 단지 그 내용물이 묽은 죽처럼 옅어진다는 차이가 있을 뿐이다."

우리의 오랜 친구인 우주종말의 전문가 프레드 애덤스에 의하면 베네치아노가 주장하는 상전이와 밀리웨이즈에서 볼 수 있는 상전이 사이에는 별 차이가 없다. 그에 따르면 "우리 우주는 이전 시공의 고에너지 지옥이 끓어 넘실거리는 속에서 태어난 것으로 보인다."

다른 가설에 따르면 우리 우주는 상위차원의 우주 속을 떠다니던 두 개의 선구(先驅, precursor)우주, 즉 '막'(膜, brane)들이 충돌하면서 태어났다. 이 모델은 에크피로틱 우주(Ekpyrotic Universe)라고 불리는데, 그리스어 'ekpyrosis'에서 유래한 것으로 그 뜻은 '큰 불'이다. 캠브리지대학교의 닐 터록(Neil Turok)과 컬럼비아의 저스틴 코우리(Justin Khoury)가 이 가설을 강력하게 지지하고 있다. 이 이론에 따르면 4차원의 시공적 특성을 가진 두 우주는 5차원의 시공 안에서 충돌한다. 그 결과가 빅뱅이다.

얘기는 거기서 끝나지 않는다. 이 이론에 따르면 막들이 심벌즈처럼 주기적으로 부딪치고 튕겨나가는 고차원의 대우주가 존재한다. 다수의 충돌이 있으므로 빅뱅 또한 여럿이며 막은 튕겨나가는 동안 팽창하고 되돌아오면서 가속한다. 이 이론에 의하면 현재 관측되고 있는 우주팽창속도의 가속은 다음 번 충돌이 다가오고 있다는 표시다. 그때가 오면 세상이 들썩일 것이다.

이제 대부분의 우주학자들은 우주의 탄생이 137억 년 전에 발생한 폭발보다는 훨씬 복잡한 것이라 믿는 것 같다. 스탠퍼드대학교의 레너드 서스킨드(Leonard Susskind)에 의하면 최초의 폭등이란 무한 크기의 우주를 만들어낸 "수퍼뱅"(super bang)의 일종으로 볼 수 있다. 우리를 존재하게 만든 빅뱅이란 국지적인 사건에 불과하다. "샴페인 병 속의 거품 하나인 것이다."

처음에 등장한 빅뱅이론은 대부분의 사람들이 차 한 잔 마시면서 받아들일 수 있는 개념이었다. 하지만 그 후에 물리학에 등장한 이론들은 그렇지 못하다. 예를 들어 "시공의 11차원"(11 dimension of space-time)과 "칼라비-야우 공간"(Calabi-Yau shape)을 내세우는 초끈이론(superstring theory)과 그것을 한층 강화시킨 자매품 M이론(M-theory)은 심오한 수학적 지식 없이는 이해가 불가능하다.

현대과학은 그 개화기 이래로 다수의 지적인 사람들이 이해할 수 있는 영역 안에 있었다. 최소한 그 형태는 단순했다. 똑똑한 고

등학생이라면 뉴턴의 방정식을 이해하는 데에 어려울 것이 없다. 19세기의 가장 위대한 과학 선언문, 즉 다윈의 『종의 기원』(Origin of Species)은 동료 학자들뿐 아니라 대중을 대상으로 했다. 난제의 대명사인 상대성조차도 속도와 질량, 그리고 광속처럼 간단한 물리량을 이용해서 직관적인 방정식 몇 가지로 표현될 수 있었다.

하지만 이제는 다르다. 학자들은 양자와 상대성의 세계를 하나로 묶는 통일장이론을 만들기 위해 바로 옆 실험실의 전문가조차 이해할 수 없는 복잡한 모델과 유추와 방정식에 의존한다. 수학적으로서가 아니라 실제로, 막이란 무엇인가? 우리 우주가 '상위차원의 공간 속을 떠다닌다'는 것은 도대체 무슨 뜻인가?

일반 대중에게 가장 성공적으로 끈이론(string theory)을 전파한 사람은 브라이언 그린(Brian Greene)이다. 그린이 베스트셀러 저서인 『엘러건트 유니버스』(The Elegant Universe)를 통해 보여주는 우주는 신기할 뿐 아니라 추상적이기까지 하다. 그곳에서는 원자 하나가 모든 차원을 가릴 수도 있고 공간과 시간이 환영에 불과하며 이들 기본적인 특성이 실은 우주의 조화가 살짝 틀어지면서 발생한 결과이기도 하다. 존재할 수 있는 가장 짧은 길이인 플랑크 길이($10 \sim 35m$)만 한 것이 우리가 알고 있는 모든 것을 불러일으키는 근본의 껍질을 숨길 수도 있다. 그린의 저서는 매혹적이지만 그 내용과 그 안에서 사용되는 새 언어들을 조금이라도 이해하기 위해서는 또 다른 두뇌가 필요하다.

일반인들이 이해할 수 있는 근본적 원리들은 자연선택과 상대성 정도가 한계인 것 같다. 대단히 유감스러운 일이다. 코미디언 켄 캠벨(Ken Campbell)이 유들유들하게 지적했듯이 "과학도 믿음을 갖고 받아들여야 한다."

우주학이 이해 불가능한 아이디어들로 뒤섞여 있다는 것은 나쁜 소식이다. 좋은 소식은 그 중 일부에 근거 자료가 있다는 것이다. 허블우주망원경(Hubble space telescope), 하와이에 새로 세워진 켁망원경(Keck telescope), COBE와 WMAP 위성들은 우주 초기의 모습을 담은 새로운 사진들을 제공해왔다. 입자물리학자(particle physicist)들은 오래지 않아 실험실에서 환상적인 고에너지를 만들어내어 빅뱅 초반의 상태를 증명할 수 있을 것이다. 학자들은 이를 위해 제네바 근교의 프랑스-스위스 국경 지하에 27km짜리 CERN(Conseil européen pour la recherche nucléaire, 유럽 원자핵 공동연구소) 고리와 같은 초대형 가속기를 만들고 그 속에서 입자 간 충돌실험을 벌이고 있다. 현재 이와 같은 가속기들은 우주가 탄생하고 1,000만분의 1초가 지난 후의 상황을 재현하는 데 성공했다. 대부분의 우주학자들이 몇십 년 후에나 개발될 충돌장치만을 기다리던 때에 비하면 장족의 발전인 셈이다.

코페르니쿠스가 과거의 토대에서 인류를 끌어내린 것은 500년 전의 일이다. 지구가 태양의 둘레를 공전한다는 사실이(그것도 금성이나 화성과 마찬가지로) 알려지면서 우리 세계도 다른 세계와 크게 다를 바 없는 곳이 되었다. 천문학자들이 우리 태양 또한 다른 별과 같은 항성이라고 밝힌 후 우리가 살고 있는 세계는 더욱 평범해졌다. 우리 은하계와 같은 은하들이 수없이 많다고 알려진 후 우리 인류의 특수성은 그만큼 사라졌다. 다윈은 호모 사피엔스를 다른 종과 동등한 것으로 전락시켰고 지질학의 아버지인 허턴과 라이엘은 우리가 살고 있는 시대를 상상 불가능한 영원의 달력 속에서 흔하디흔한 순간 중 하나로 만들었다.

애덤스가 『히치하이커』를 집필한 것은 우리가 평범하기 그지없다는 사실이 밝혀진 다음이었다.

은하의 서쪽 나선팔 끝부분, 지도에도 나오지 않고 유행도 미치지 못하는 변방에 어떤 관심도 끌지 못하는 작고 노란 태양이 있다.

완벽하게 평범한 초록행성 하나가 이 태양으로부터 대략 9,200만 마일쯤 떨어진 거리에서 공전하는데, 그 위에 살고 있는 유인원의 후손들은 아직도 원시적이어서 디지털 손목시계를 멋진 발명품이라고 생각하고 있다.

어쩌면 과학이 빅뱅(과 빅뱅으로 태어난 우주 전체)의 발견을 최고의 업적이라고 자평하는 것 또한 그와 같은 일일지도 모른다.

# 7

## 시간여행

편견이 없고 심리적으로 안정적인 가정이라면

당신이 스스로의 아버지 또는 어머니라 해도 전혀 문제될 것이 없다.

[……] 나중에 가면 다 해결되게 마련이다.


정말 중요한 것은 다름 아닌 문법 문제이다…….


*세상의 끝에 자리 잡은 식당*

『히치하이커』에서 시간여행은 꽤나 골치 아픈 문제로 등장한다(또는 문젯거리였기 때문에 앞으로 꽤나 골치 아플 것이다, 혹은 문젯거리가 될 예정이기 때문에 골치 아플 것이다. …… 문법상의 문제를 알아챌 수 있겠는가?). 역사는 오염되고, 누구라도 길들여진 블랙홀과 죽어가는 음(−)에너지의 웜홀을 이용해 장난질을 치려 한다면 아침 먹기 전에 다음 이야기를 숙독하라는 훈계를 들어야만 한다.

이 이야기는 전 우주를 통틀어 최고라고 칭송받는 시, 「긴 땅의 노래」를 지은 시인 랄라파에 대한 것이다. 랄라파는 은하 문명의 중심지로부터 멀리 떨어진 외곽의 산업화 이전 시대 행성, 그 안에서도 '긴 땅 에파의 숲'에 살았다. 랄라파는 그곳에서 워드프로세서나 레이저프린터는 물론 수정액의 도움도 받지 않고 하브라 잎 위에 시를 썼다.

몇 세기 후 시간여행이 발명된 직후에 대형 수정액 제조업체 사장이 이런 생각을 했다. 랄라파가 수정액을 쓸 수 있었다면 시가 더욱 훌륭해졌을까? 만약 그렇다면 수정액의 효과에 대해 한마디 해달라고 부탁할 수 있을까? 물론 랄라파는 이미 죽은 지 오래였다. 수정액 영업사원들은 최신형 타임머신을 타고 과거로 날아가 랄라파를 만났다. 그런 다음 복잡하고 놀라운 개념에 대해 설명하고 엄청나게 많은 돈을 눈앞에서 흔들어보여서 결국 랄라파로 하여금 자신들의 제품을 추천하도록 설득했다. 불행하게도 영업사원들이 방문한 것은 랄라파가 시인으로서의 경력을 쌓기 전, 즉 시를 쓰기 전이었다. 수정액 제조업자가 돈을 쏟아부은 덕분에 랄라파는 부자가 되었고 유명인사가 되었으며 시에는 손도 대지 않았다. 랄라파가 사랑했으나 결국 맺어지지 못한 것으로 유명했던 여인이 랄라파의 두꺼운 지갑을 보고 결혼해버리는 바람에 시적 영감의 중요한 원천 하나가 사라져버렸다. 하지만 수정액 제조업자는 문제될 것이 없다고 생각했다. 랄라파에게 자신의 시집 최신판과 시를 옮겨 적을 하브라 잎사귀를(물론 수정액 몇 병도 함께) 준 다음 쫓아 보낸 것이다. 결국 랄라파는 시를 썼고, 순환은 완결되었다.

하지만 이것은 사실이 아니다. 랄라파의 이야기에는 시간여행의 가장 큰 패러독스가 요약되어 있다. 과거로 돌아가서 자신의 할머니를 총으로 쏴버리는 것(또는 자기 자신의 할머니가 되는 것)도 문제이기는 하지만 논리적이고 철학적인 견지에서 보자면 소원을 들어주는 요정이 갑자기 등장하는 것, 즉 시간여행 자체에 의해 생겨나는 물건이나 착상에 비하면 그리 큰일이 아니다. 패러독스는 다름이 아니라 그 시가 정확히 어디서 왔는가 하는 것이다. 시를 생각해낸 것은 랄라파니까 답은 명백해 보일지 모른다. 시는 랄라파의 머리에서 나왔다는 것이다. 하지만 시간여행이 랄라파의 작품에 지울 수 없는 일조를 했다. 이야기에서 랄라파는 결코 시를 쓸 기회를 갖지 못했다. 이야기를 따라 돌고 돌고 돌다보면 시간여행이 끔찍한 순환고리를 낳았음이 분명해진다. 이미 뺑뺑 돌고 있는 교통상황은 생각도 않고 그냥 들이미는 런던의 버스처럼 랄라파의 시가 갑자기 시간의 회전목마 속으로 들이닥치는 것이다.

다른 예를 들어보자. 타임머신을 만든 다음 닷새 전의 과거로 간다. 그런 다음 행인을 하나 불러 세워서 주머니 속에 있던 1파운드짜리 동전을 준다. 그리고 시간여행 장난질에 대해 설명해준 후 특정 시간에 특정 장소로 나오라고 일러둔다. 당연히 닷새 후 처음의 시간여행을 시작할 장소를 말하는 것이다. 행인은 우직하게 지시사항을 따르고 당신을 만나서 (당연히) 1파운드짜리 동전을 건넨다. 이 동전은 다름 아닌 당신이 주머니에 넣고 과거로 돌아가 그 행인에게 주었던 물건이다. 이 동전은 어디서 나왔을까? 허공에서? 우리는 시간여행을 통해서 비논리적인 순환고리를 만들고 자신의 아버지(또는 어머니)가 될 수 있을 뿐 아니라 없던 물건(이 경우에는 1파운드짜리 동전)을 만들어낼 수도 있으며 최악의 경우 아무것도 없는 것에서 정보(랄라파의 시)를 창출할 수도 있다. 이른바 공짜점심이다. 물리학이 진공보다 더 혐오한다는 바로 그 공짜점심 말이다.

사실 오늘날의 물리학은 물체들이 무(無)에서 우주로 튀어나오는 것을 허용한다. 진공의 수프 속에 들끓는 가상 입자들이 그것이다. 하지만 최소한의 양심은 있어서 나노초보다 훨씬 짧은 시간이 지나면 사라지도록 한다. 오랫동안 머무르면서 우리 주머니에 구멍을 뚫고 통화팽창을 일으키는 것은 허용되지 않는다. 상상해보라. 만약 그 돈이 1파운드가 아니라 10억 파운드였다면?

정보는 더 심각한 문제다. 예를 들어 1903년의 베른 특허사무소로 찾아가 커피를 마시며 쉬고 있는 아인슈타인에게 특수상대성이론(special theory of relativity)을 알려준다고 가정해보자. 1903년이면 아인슈타인이 특수상대성이론을 생각해내기 2년 전이다. 아인슈타인은 두 손으로 양쪽 귀를 막고 밖으로 뛰쳐나가면서 '어버버' 하고 소리칠지도 모른다(아인슈타인이라면 눈앞에서 펼쳐지려는 논리적 외설을 웬만한 사람들보다 훨씬 빨리 눈치 챌 것이다). 하지만 우리는 아인슈타인을 붙잡아놓고는 귀에 대고 큰 소리로 특수상대성이론을 한 줄씩 읽어줄 수 있다.

정보 역시 에너지와 마찬가지로 무(無)에서 튀어나올 수는 없다. 갑자기 사라질 수도 없을 것이다. 스티븐 호킹은 1970년대에 자신이 내렸던 결론, 즉 물체가 블랙홀에 빠지게 되면 스핀(spin)이나 전하 같은 정보 또한 그 물체와 함께 소멸한다는 이론을 2004년에 철회했다. 블랙홀에도 틈이 있으며 정보는 최후의 순간에 그 손아귀에서 빠져나올 수 있는 것으로 보인다.

다른 세계에서 우주로 유입된 정보들이, 우리가 옳다고 알고 있고 그 현상들이 옳으리라 느끼는 모든 것에 무시무시하리만치 거스르는 것은 물리학자 데이비드 도치이(David Deutsch)가 지적한 것처럼 기적으로 간주된다. 이 또한 물리학자들이 싫어하는 것이다.

시간여행의 패러독스는 SF작가들 사이에서도 널리 알려져 있다. 하지만 더글러스 애덤스처럼 그 사실을 알고서도 어깨 한 번 들썩거린 다음 끝까지 밀어붙인 사람은 많지 않다. 반면에 영화 「백 투 더 퓨처」는 자신의 조상이 되는 역설(이 경우에는 자신의 아버지가 된다)을 재치 있게 다루고 있다. 청년 마티 맥플라이는 1950년대로 거슬러 올라가 제 부모의 연애행각에 휩쓸린다. 더 구체적으로 말하자면 마티는 불편하고 난처하게도 자신에게 한눈에 반한 십대의 어머니가 아버지와 잘 맺어지도록 만들어야 한다. 그것도 동네 모든 사람을 괴롭히던 건달이 아버지를 제쳐놓고 어머니와 맺어지기 전에. 건달이 여인을 차지하면 마티는 사라진다. 또는 존재한 적이 없게 된다. 부모의 호르몬에 간섭하는 동안 마티의 존재는 옅어진다. 감독은 이를 간결하게 표현한다. 마티의 물리적 정의가 사라지기 시작하는 것이다. 몸이 아플 뿐 아니라 어느 순간부터 사진 속에서 사라지기까지 한다. 현재는, 스탈린이 자랑스럽게 여겼던 활기와 함께 역사에 뒤처지지 않기 위해 부단히 노력하는 속에서 스스로를 다시 쓴다. 이것은 시간여행의 패러독스에 대한 해답 중의 하나이다. 과거를 변화시키면 현재도 그에 맞춰 변화한다. 하지만 잘 생각해보면 올바른 해답이 아니다. 마티가 역사에서 지워진다면, 지우는 것은 도대체 누구란 말인가?

로버트 하인라인(Robert Heinlein)의 단편소설 『당신네 좀비들은』(*All You Zombies*)을 살펴보자. 우리의 주인공은 자신의 아버지일 뿐 아니라 어머니이기도 하며 자신의 얘기를 들어주는 사람이기도 하다. 시간여행이 성별조정 수술과 결합하게 되면 무슨 일이든 가능하다. 영화 「터미네이터」에서는 정보 패러독스가 줄거리의 토대이다. 때는 가까운 미래. 지능을 가진 기계가 핵전쟁을 일으켜서 인류를 거의 전멸시킨다. 지능을 갖춘 호전적인 로봇들은 존 코너가 이끄는 생존자들을 끝장내기 위해 덤벼든다. 기계 측이 세운 영리한 계획 중의 하나는 로봇을 과거로 보내 코너가 저항군의 지도자가 되기 전에 처치하는 것이다. 시리즈 세 편에 걸쳐 이를 달성하기 위해 많은 시도를 거듭하지만 모두 실패한다. 하지만 2편에서 새로운 종류의 슈퍼로봇을 탄생시킨 기술이 실은 과거로 왔던 첫 번째 터미네이터의 부속에서 유래했다는 사실이 밝혀진다. 이것은 정보 패러독스의 고전적인 예이다. 무(無)에서 갑자기 등장한 기술, 즉 정보다.

물리학자들은 시간여행이 가능한가, 만약 그렇다면 방법은 무엇인가에 대해 수십 년 동안 논쟁을 벌여왔다(영국 중앙로에 있는 우체국에 들어가보면 지금 당장이라도 1970년대로 돌아갈 수 있다고 주장하는 사람들이 많겠지만 그것과 이것은 별개의 문제다). 몇몇 과학자들은 타임머신이란 말을 경멸하며 '폐쇄 시간형 곡선'(closed time-like curve, CTC)이라는 말을 대신 사용한다. 하지만 이와 같은 속물근성에도 불구하고(비록 저 용어는 섹시한 면이 없어서 빠른 속도로 사라지는 중이지만) 시간여행이란 물리학적으로 불가능하지는 않은 것으로 보인다. 광속을 우회하는 방법만 찾으면 되는 것이다.

　희소식은 여기까지다. 나쁜 소식은, 과거로 향하는 시간여행이 설사 가능하다 해도 '정말로 아주' 어려울 거라는 점이다. 이론물리학자들이 실험실 주변을 배회하는 실용적 태도의 친구들을 쫓아내기 위해 항상 써먹는 말처럼 기술적인 문제가 있다. 기술적인 문제란 예를 들자면 이런 것이다. "목성을 박살내고 압축해서 침대 밑에 들어갈 만큼 작은 상자 속에 구겨 넣은 다음에 〔……〕." 또는 "태양 100만 개만큼의 질량을 가진 블랙홀을 찾아내고 그 속에 중성자별을 차례로 집어넣은 다음에 〔……〕." 등등(시간여행이 아주 간단하다고 생각하는 과학자가 적어도 한 명은 있다).

지금 우리가 얘기하는 것은 과거로 가는 여행이다. 미래로 놀러 가는 것은 당연히 우스울 만큼 쉽다. 우리는 이미 초당 1초의 평범한 비율로(물론 지루할 경우에는 이보다 훨씬 느린 속도로) 미래 여행을 하고 있다. 이 비율을 늘리는 것도 간단하다. 시간지연(time dilation)은 역전시킬 수가 없을 뿐 원리도 알려져 있고 검증도 가능하며 실제로도 가능한 일이다. 아인슈타인이 보여준 바와 같이 상대적으로 운동하고 있는 두 물체는 같은 시간대에 존재하지 않는다. 빠르게 움직이는 물체는 더 느린 물체 혹은 정지한 물체와는 다른 비율로 시간을 경험한다. 특수상대성이론에 의하면 어떤 물체의 공간 속 운동과 시간 속 운동을 합한 속도는 언제나 광속과 같다. 공간 속을 빠르게 이동할수록 시간을 여행하는 속도는 느려진다. 이를 간단히 요약하면 '움직이는 시계가 느리게 간다.'

활주로 위에 있는 친구와 시계를 맞춘 다음 제트기에 올라타고 한 시간 동안 마하 2의 속도로 날아보자. 착륙한 다음 친구의 시계와 비교해보면 당신의 것이 친구 것보다 몇백만분의 1초 늦게 간다는 사실을 발견할 것이다. 당신은 비록 일방통행이긴 해도 미래를 향해 여행한 것이다. 우주선과 초음속 비행기에 실었던 초정밀

원자시계(atomic clock)들이 이 사실을 확인해주었다. 가장 큰 시간 지연효과를 경험한 사람들은 미르우주정거장(Mir space station)에 탑승한 승무원들이다. 이 대단한 사람들 중 몇은 시속 27,000km 이상의 속도로 1년 이상 지구 주위를 돌고 있다. 승무원들은 임무에 오래도록 종사하면서 지상근무 요원들보다 약 4초의 시간을 더 얻었다. 이 정도의 시간차는 싸구려 수정시계로도 측정 가능하다. 사실 방을 가로지르는 것만으로도 맞은편에 앉아 있는 사람과 다른 시간대에 진입하게 된다. 시간 지연은 이 세상에 절대시간이란 존재하지 않는다는 기이한 관념을 예증한다. 우리 모두는 자기만의 시간 우주 속에서 살고 있는 것이다.

몇 초는 그렇다 치자. 하지만 서기 200만 년으로 가보고 싶다면? 블랙홀을 길들일 필요도 없고 가방 크기만 한 목성도 필요 없다. 잘나가는 우주선 한 대만 있으면 된다. 광속의 99.9999999% 보다 빨리 날아가는 우주선 말이다. 시속 10억km에 도달하면 이상한 일이 벌어진다. 시간지연효과의 그래프는 점근곡선이다. 즉 하키스틱과 비슷한 모양이다. 느린 속도에서는 효과가 크지 않다. 광속 c의 80%로 움직여도 시계는 70%의 속도로만 작동한다. 뚜렷한 효과를 보기 위해서는 빛의 속도에 아주 근접해야 한다. 광속의 90%에 다다르면 시간이 정지해 있는 관찰자보다 2배 느리게 흐른다. 99%에서는 7배다. 이 속도라면 왕복에 8광년이 걸리는 프록시마센타우리를 우주선상 시계로 14개월 만에 다녀올 수 있다. 속도가 c의 99.9라면 지구의(또는 어디든 출발한 곳의) 22일이 시계로는 한 시간에 해당한다. 소수점 아래로 9를 셋 더한 만큼 광속에 근접하면 우주선의 한 시간이 고향의 2년에 해당한다.

c의 0.99999999999999배에 이르면 우주선상의 하루당 2만 년이 지나간다. 이쯤 되면 훌륭한 시간여행이다. 만약 운동속도가 광속에 1조분의 1만큼 모자라면 선상의 1일이 실제로는 6만 년이다. 서기 100만 년에 도착하려면 채 17일도 걸리지 않는다. 더 빨리 운동하면 1초에 1,000년을 흘려보낼 수 있다. 빛의 속도를 넘을 수는 없지만 그와 간발의 차만큼 접근하면 시간지연효과가 무한대로 늘어난다. 눈 깜짝할 새에 수십억 년이 흐르는 것이다.

시간지연효과는 장거리 여행자에게 구원의 빛이나 다름없다. 우주는 상당히 크다. 빛에 가까운 속도로 우리 은하를 횡단하려면 10만 년이라는 장대한 시간이 소모된다. 하지만 이 10만 년이란 어디까지나 남아 있는 사람들, 즉 지구 사람들에 해당하는 얘기다. 은하수에 도달했다가 돌아오는 동안 우리의 지구 친구들에게는 20만 년(여기저기 돌아다닌다면 그보다 더)이 흐를 것이다. 하지만 광속의 뒤를 바짝 쫓으며 여행한 우리들은 수명이 끝나기 전에 귀향할 수 있다. 인공동면이나 세대 간 우주선을 고려할 필요도 없고 워프항법(warp drive)이나 초공간(hyperspace), 웜홀을 이용할 필요도 없다. 구현 불가능한 가속에 대해 걱정할 이유도 없다. 광속에 근접하기 위해서는 1년에 1g[50]면 차고 넘치며 감속 역시 같은 크기에 방향만 반대로 바꾸면 그만이다.

어떤 이들은 이렇게 묻기도 한다. 우리는 고정된 우주 격자에 대해서가 아니라 모든 것에 대해 움직이는 것인데 어떻게 시간지

---

**50** gravity acceleration, 중력가속도를 말한다.

연효과가 발생하는가? 앨리스가 밥에게서 시속 수백만 킬로미터의 속도로 멀어진다고 치자. 앨리스의 시각에서는 밥이 그만큼의 속도로 멀어지는 것으로 보인다. 그렇다면 시간지연을 경험하는 것은 어느 쪽인가. 답은 앨리스다. 가속을 경험하는 것은 앨리스뿐이다. 속도 자체가 아니라 가속이 관건이다.

정말 걱정해야 하는 것은 우주선에서 내렸을 때 나를 기억해줄 사람들이 남아 있느냐 하는 것일지도 모른다. 우리의 지연된 시간과 고향의 시간은 전혀 별개이기 때문이다. 배우자에게 키스한 다음 안드로메다은하를 탐사하기 위해 떠나는 것은 좋다. 하지만 돌아와서 보니 가족들은 200만 년 전에 지렁이의 밥이 됐고 아울러 우리 문명과 종의 운명 또한 그와 비슷하다면 기분이 그리 좋지는 않을 것이다.

중력을 일방성 타임머신으로 사용하는 방법도 있다. 중력 또한 시간을 지연시킨다. 우리의 모든 움직임이 고유의 시간대로 우리를 이끌듯 한 물체가 다른 물체와 주고받는 중력 역시 그 물체의 시간대를 조금씩 밀어낸다. 만약 중력장이 블랙홀만큼 크다면 시간을 건너뛰는 효과 역시 크다. 지구 표면에 위치한 시계는 300년마다 1마이크로초씩 느려진다. 중성자별의 표면에서의 시간은 절반 속도로 흐른다. 만약 중성자별에 앉아 있다면 우주의 정세가 무성영화처럼 2배 빠르기로 변하는 것을 볼 수 있을 것이다. 블랙홀의 사상(事象)의 지평선(event horizon)[51] 위에 앉아 있으면 시간

---

**51** 블랙홀의 바깥 경계를 말한다.

이 멈춘다. 중력이 무한하며 시간지연 또한 무한하기 때문이다.

블랙홀로 떨어지면 그 효과는 치명적이고 신속하며 비참하다. 우리의 몸은 어마어마한 기조력(起潮力, tidal force)[52]에 의해 스파게티 가락처럼 늘어날 것이다. 보상은 있다. 우리의 인생은 최후가 다가오면서 눈앞에서 반짝 하고 사라지겠지만 다른 사람들의 인생도 마찬가지다. 예를 들어 태양 700만 개분의 질량을 가진 블랙홀 속으로 떨어진다면 조금의 상처도 없이 사상의 지평선을 통과할 수 있을 것이다. 기조력이 극도로 강해지는 것은 블랙홀의 중심에 있는 특이점 부근이다. 이 돌아올 수 없는 지점에서 시간지연효과는 무한에 근접한다. 이 고지에 서면 별의 탄생과 사망, 은하의 진화와 그들이 추는 천상의 춤을 볼 수 있다. 이 광경은 그야말로 장관이며, 간단히 말해 미래 자체일 것이다. 그 다음 우리는 우리 우주와 우리 시간으로부터 사라진다. 폴 데이비스가 자신의 훌륭한 저서 『타임머신』(How to Build a Time Machine)에서 간결하게 표현했듯 "시간의 끝을 넘어선 편도여행이다."

아직 얘기는 끝나지 않았다. 중간급 블랙홀에 떨어지면서도 스파게티화를 잠깐이나마 지연시킬 수 있는 방법이 있다. 하버드대학교의 데버러 프레드먼(Daborah Fredman)에 의하면 1경 2,000조 톤 무게의 안전띠만 있으면 가능하다. 이 안전띠가 만들어내는 중력장은 우리를 사상의 지평선 안쪽으로 잡아당기는 기조력과 균

---

**52** 천체의 질량과 그 질량 중심으로부터의 거리에 의해 다른 물체, 또는 다른 천체가 받는 힘을 말한다. 근원이 되는 천체와 영향을 받는 물체의 위치와 운동 방향 등에 영향을 받는다.

형을 이룬다. 이 장치를 이용하면 우리 몸과 장치 자체가 원자단위로 분해되기 전에 경관을 감상할 수 있는 시간을 10분의 1초쯤 더 벌 수 있다.

블랙홀을 이용하건 빛의 속도로 달리건 미래로 가는 여행에는 엄청난 비용이 든다. 광속 c에 근접할수록 같은 만큼의 가속도를 늘리기 위해 더욱 많은 에너지가 필요하다. 빛의 속도라는 장벽을 깨기 위해서는 무한대의 에너지가 필요하다. 일이 이처럼 번거로운 이유는 우리가 빨리 운동할수록 무거워지기 때문이다. 질량이 무한대에 가까워지기 때문에 가속에 필요한 에너지 역시 마찬가지로 늘어난다. 상대론적인 여행은 체중 조절과는 거리가 멀다.

더 나쁜 것은 이것이 편도여행이라는 점이다. 엄청 빠른 속도나 극한의 중력을 이용하면 향후 200만 년 동안 눈부시게 발전하는 지구의 문명을 볼 수 있겠지만 되돌아와서 친구에게 이야기해줄 수는 없다.

과거로 가는 타임머신도 가능할지 모른다. 계산상으로는 말이다. 이를 이해하기 위해서는 시간을 더 잘 파악해야 한다. 시간의 정의 대부분은 명백하게 자기 참조적이며 '절대적 현재'라고 하는 우리의 전통적인 뉴턴적 개념은 완전히 잘못된 전제이다. 아인슈타인의 특수상대성이론 및 일반상대성이론(general theory of relativity)에 따르면 3차원 공간은 시간과 결합하여 '시공'(space-time)이라는 4차원 객체를 이룬다.

머릿속 시간여행의 선구자인 웰스(H. G. Wells)의 소설 『타임머신』(*The Time Machine*)에는 이름 모를 시간여행자가 손님을 초대해 놓고 설명하는 장면이 나온다. 여기에는 주목할 만한 점이 있다.

무릇 모든 실체는 네 방향에 걸쳐 있죠. 길이와 너비와 두께가 있어야 하며 [……] 지속 시간이 필요합니다. [……] 하지만 사람들은 앞의 세 차원과 마지막 것을 구분하려는 경향이 있습니다. 우리의 의식이 태어나서 죽을 때까지 멈췄다가 움직이기를 반복하면서 마지막 차원을 따라 한 방향으로만 움직이기 때문입니다.

아인슈타인의 시공은 '시공점'(spatiotemporal point)들로 구성되어 있다. 당신이 키가 1.8m이고 폭이 45cm이며 두께가 25cm라고 하자. 이것들은 공간상에서의 차원이다. 또한 시간차원도 있으니 예를 들어 78세라고 하자. 그 결과 당신의 일생은 일종의 긴 벌레 모양을 형성하며 그 단면이 당신의 생김새이고 한쪽 끝으로 갈수록 점점 가늘어진다(당신이 태아에서 성인으로 자라는 기간이 이에 해당한다). 그 중 어느 한군데를 선택하든 '당신'은 그 벌레의 3차원 단면이다.

어느 객체가 시간을 따라 흐르는 선을 '세계선'(world line)이라고 한다. 어떤 장비로 측정하든 간에 시간은 이 세계선을 따라 한 방향으로 증가한다. 세계선이 직선일 필요는 없다. 가속이 발생하면 시간축에 대한 세계선의 기울기가 변한다. 중력이 변해도 그렇다. 엄청난 크기의 중력이라면 시공을 왜곡시켜서 세계선이 폐곡선(閉曲線, closed loop)을 이루도록 할 수 있다. 과거로 가는 길이다. 이것이 폐쇄 시간형 곡선, 즉 CTC이다.

1948년 논리학자 쿠르트 괴델(Kurt Gödel)은 회전하는 우주가 내재하는 CTC를 형성할 수 있고 따라서 과거로 여행할 수 있음을 계산했다. 현재의 관측 결과에 따르면 우리 우주는 회전하지 않는다. 관측 가능한 은하들의 회전이 서로를 상쇄한다. CTC는 회전하는 블랙홀에 의해서도 발생할 수 있지만 지금까지 보아온 바로는 블랙홀을 통한 여행은 재고할 가치가 없다.

과거로의 여행을 꿈꾸는 물리학자들이 지금까지 고안한 장비 중 가장 현실적인 것은 회전하는 원기둥과 웜홀이다. 1974년, 미국 뉴올리언스의 툴레인대학교 소속 수리물리학(Mathematical physics) 교수인 프랭크 티플러(Frank Tipler)는 중성자별의 물질처럼 상상 불가능할 정도로 높은 밀도의 물질로 원기둥을 만들고 충분한 속도로 회전시키면 거기서 발생한 중력이 시공을 에워싸며 고리를 형성한다고 계산했다. 괴델의 회전우주(rotating universe)와 같은 원리다. 사실 어떤 어마어마한 질량의 물체든 충분한 속도로 회전하면 소용돌이를 만든다. 어떤 광선이든 이 소용돌이에 휩쓸리면 휘둘려서 자신에게 되돌아온다. 시간여행자가 이 소용돌이를 충분한 속도로 통과하면 외부관찰자에 대해 광속 이상의 속도를 얻을 수 있다. 티플러의 계산에 따르면 이와 같은 효과를 얻기 위해 길이 100km, 직경 65km의 원기둥이 필요하다.

시간여행 문제를 해결하기 위해 오늘날까지 제시된 해결책 중 물리적으로 가장 정확한 것은 웜홀이다. 많은 물리학자들이 이 사악한 물체를 만들 장소만 있다면 원하는 결과를 얻을 수 있다고 믿는다. 웜홀장치는 1980년대에 칼텍(CalTech, California Institute of

Technology, 캘리포니아공과대학)의 물리학자 킵 손이 처음 제안한 것으로, 아인슈타인의 법칙에 제대로 따르며 마법에 의존하지 않고 말이 안 되는 구석이라고는 단 하나도 없다. 손의 장치는 과거로 가서 자신의 아버지가 되는 등의 시간 패러독스를 해결해주지는 않는다. 그리고 이 장치를 만들기 위해서는 많은 비용이 들며 쉬운 일도 아니다. 하지만 제대로 작동할 것이다. 아마도 말이다.

1980년대 초, 칼 세이건은 손에게 우주비행사가 적절한 시간 내에 먼 우주에 다녀올 수 있는 방법을 찾아달라고 요청한 적이 있다. 당시 세이건은 소설 『콘택트』를 집필 중이었다. 이 소설의 주된 내용은 일군의 사람들을 짧은 시간에 7광년 떨어진 베가항성계(star system Vega)로 데려가는 것이다. 세이건은 물리법칙을 준수하는 데에 민감한 사람이었기 때문에 SF에서 흔히 볼 수 있는 '워프항법' 등은 채택하지 않았다.

손은 웜홀이 답이라고 결론 내렸다. 웜홀은 멀리 떨어진 두 공간(과 시간)을 연결하는 뒤틀린 시공의 관이다. 이를 1920년대에 처음 제시한 것은 아인슈타인과 그의 학부생들, 그리고 오랜 조력자 네이선 로젠(Nathan Rosen)이었다. 블랙홀 또한 특별한 종류의 웜홀이지만 세이건이 필요로 하는 것은 더 안정적인 수단이었다. 우리가 안으로 뛰어들고 통과해서 살아남을 수 있을 만큼 오래 지속되는 수단 말이다.

잠깐 주제에서 벗어나보자. 과거나 미래로 가기 위해 블랙홀을 조종할 수 있는 몇 가지 방법이 있다. 거대 질량을 이용해 기조력에 대항할 수도 있고 막대한 양의 전기부하를 사용할 수도 있으며 블랙홀을 회전시켜 중앙부에서 특이점으로 향하는 기조력의 파괴력을 줄일 수도 있다. 이 경우 특이점은 도넛 모양의 흐름으로 나타나며 우리는 그 안을 털끝 하나 다치지 않고 통과할 수 있다. 유감스럽게도 대부분의 물리학자들은 특이점을 통해 반대 '편'으로 여행하는 것을 순수한 악 자체와 동일시한다. 특이점이란 블랙홀의 중심 지점으로서 물질과 에너지와 알 수 없는 것들이 붕괴된 악몽 그 자체다. 거기서는 왼쪽이 곧 오른쪽이고 결과가 원인에 선행하며 심지어는 특이점의 정확한 위치를 아는 사람조차 없다. 그 때문에 많은 사람들은 특이점의 속성이 드러나지 않으며 체면상 사상의 지평선이 이루는 경계 속에 감춰져 있어야 한다고 믿는다.

자연적으로 형성된 웜홀은 훨씬 온순하다. 웜홀은 시공의 조직 속에 자리한 셋방으로 우주 어디에나 존재한다. 진공이란 무(無)와는 다르다. 진공은 부글거리는 에너지의 덩어리다. 미국의 물리학자 존 휠러(John Wheeler, 블랙홀이란 용어를 만든 사람이기도 하다)는 이를 두고 '시공의 거품'(space-time foam)이라고 명명했다. 이 에너지들의 평균은 0이기 때문에 거시적인 일은 아무것도 일어나지 않는다. 그러나 플랑크 단위에서 보면 가상 입자와 에너지들이 순간적으로 등장했다가 사라진다. 이 중 몇몇은 꽤 강력해서 공간 자체를 왜곡해 아주 작고 수명 또한 짧은 웜홀을 만든다. 이들 중 하나를 낚아채고 어마어마한 양의 에너지를 주입하여 크고 안정적으로 변화시키면 활용이 가능하다. 하지만 입자가속기에서 보는 바와 같이 우리가 지구상에서 생산할 수 있는 최대의 에너지도 그에는 턱없이 부족하다.

천체물리학자 폴 데이비스는 수소폭탄을 고리모양으로 엮고 그 폭발력을 작은 쿼크-글루온 플라즈마(quark-gluon plasma) 구체에

가하는 것이 답이라고 말한다. 쿼크-글루온 플라즈마란 분리된 쿼크와 이를 연결하는 입자들이 고밀도로 뭉쳐진 것을 말한다. 이 장치는 빅뱅 직후의 혼돈상태와 유사하며 입자가속기를 이용해 구현할 수 있다. 이처럼 교묘한 방법을 이용하면 공간에 영구적인 웜홀구멍을 뚫을 수 있는 고밀도를 얻을 수 있다. 이 밀도에 비하면 중성자 천체는 솜사탕에 불과하다.

이제 작지만 안정적인 웜홀을 만들었다. 이 웜홀을 인간 크기로 부풀리려면 목성의 질량에 상응하는 에너지를 퍼부어야 한다. 이 에너지는 어디서 얻는가? 데이비스는 엄청난 고출력의 레이저—이 레이저는 광압축(squeezed light) 현상을 이용해 만든다—를 특정 조건에 맞추고 수조 년간 켜놓으면 충분하다고 말한다. 블랙홀을 이용해도 그만큼의 에너지를 얻을 수는 있다. 하지만 명백한 이유 때문에 우리의 타임머신공장을 블랙홀 근처에 두고 싶은 생각은 없다. 웜홀 자체에도 우리가 원하는 만큼의 물질을 신속하게 얻을 수 있는 강력한 중력장이 들어 있다. 핵폭탄을 터뜨린 다음 눈앞에서 과거로 향하는 기차표가 자라나는 것을 볼 수도 있다는 얘기다. 너무 편한 대로만 생각하는 것일지도 모르지만 어차피 과거로 돌아가서 오늘 발표된 번호의 로또를 사는 것도 마찬가지 얘기다.

마지막으로 이 웜홀을 타임머신으로 개조해야 한다. 당신과 180cm 길이로, 에, 뭐 지금으로서는 180cm다. 하여간 당신과 180cm로 연결하는 터널을 만드는 것은 아무런 의미가 없다. 그동안 들인 돈과 시간, 사용한 핵폭탄과 그 뒤처리를 생각해보라. 자, 아주 간단하게 우리가 만든 기계를 활용할 방법이 있다. 웜홀의 한쪽 끝을 전자기장으로 붙잡아두고 반대쪽 끝을 초대형 입자가

속기에 넣은 다음 빛에 가까운 속도로 몇 년간 돌리는 것이다. 고정된 쪽은 시간지연효과 덕분에 움직이는 쪽과 별개의 시간대에 들어선다. 움직이는 쪽을 10년 정도 돌리면 10년 전 과거로 갈 수 있는 웜홀을 얻을 수 있다. 뛰어들어서 10년 전 과거에 도착하자. 깔끔하지 않은가?

코네티컷대학교의 이론물리학 교수인 로널드 맬릿(Ronarld Mallett)은 단순한 해답을 좋아한다. 맬릿에 따르면 실험실에서 타임머신을 만들 수 있다. 광선을 이용하는 것이다. 맬릿이 2000년에 발표한 논문에 따르면 레이저를 회전시켜서 그 안쪽에 공간의 소용돌이를 만들 수 있다. 맬릿은 그렇게 해서 발견의 기쁨을 맛보았다. "나는 광선을 회전시켜서 공간뿐 아니라 시간도 왜곡시킬 수 있다는 사실을 깨달았다."

웰스의 소설에 등장하는 타임머신의 뒤쪽에는 커다란 원반이 회전하고 있다. 네 번째 차원을 이동하기 위해서는 무엇이 필요할까? 맬릿은 웰스를 무척 좋아했다. 부친이 서른셋의 나이로 사망한 후 물리학도를 꿈꾸는 10살배기 맬릿은 절망했다. 맬릿은 이렇게 말한다. "나는 웰스의 『타임머신』을 읽은 다음 아버지를 다시 만날 수 있는 기계를 만들자는 집착에 사로잡혔다. 그래서 나는 물리학에 뛰어들었고 지금의 연구에 매달렸다."

맬릿의 원안에는 시간을 왜곡시키기 위해서 처음의 광선과 반대 방향으로 회전하는 두 번째 빛이 필요했다. 하지만 맬릿의 최근 연구에 의하면 한 방향으로 회전하는 원통형 빛—1960년대의 TV 시리즈인 「타임터널」(The Time Tunnel)에 나오는 소용돌이와 비슷하다—만으로도 목적을 달성할 수 있다고 한다. 빛의 출력이 높아지면 시간과 공간이 역할을 바꾼다. 이 광선 속에서 공간은 우리가 익숙한 일방통행의 속성을 갖는다. 반대로 시간은 공간의 속성을 띤다. 이 빛의 터널로 들어가면(다행히도 우리를 블랙홀처럼 토막 내지 않을 것이다) 이론적으로는 시간을 앞뒤로 왕복할 수 있다. 물론 지금까지 인류가 만들었던 어떤 것보다 더욱 강력한 레이저가 필요하다. 하지만 맬릿의 계산에 따르면 이 장치는 현대기술로 제작 가능하다.

로널드 맬릿이 아서 왕의 궁정을 방문하는 진짜 코네티컷 양키[53]가 될 수도 있다. 아닐 수도 있지만. 어쩌면 이 우주에는 기성품 타임머신이 넘쳐날지도 모른다. 우주끈(cosmic string, 끈이론에 등장하는 끈과 혼동하지 않도록 하자)은 시공이 뒤틀렸던 빅뱅의 잔재로 무한에 가까운 밀도를 가진 가상의 실토막이며 전 우주에 널려 있다. 이 끈을 타고 계속 날다보면 조금씩 과거로 갈 것이다. 이론가인 미구엘 알쿠비에르(Miguel Alcubierre)에 따르면 우주끈에는 공간을 일그러뜨려 단축시키는 부수효과가 있다. 이 끈을 통과하면 「스타트렉」에 등장하는 순간이동장치와 마찬가지로 두 지점을 빛보다 빠른 속도로 이동할 수 있다. 타임머신으로서의 성능 또한

---

**53** 'A Connecticut Yankee in King Arthur's Court.' 시간여행의 개념을 이용한 마크 트웨인의 소설이다.

월등하다.

그렇다면 패러독스들은 어떻게 되는가? 철학자이자 물리학자인 데이비드 도이치와 마이클 록우드(Michael Lockwood)는 1994년에 「사이언티픽아메리칸」에 실은 글을 통해 몇 가지 탈출구를 제시했다.

우선 시간여행으로 야기되는 새롭고도 일상적인 순환들은 논리적으로 아무 문제가 없다는 해석이 있다. 과거로 돌아가서 자신의 할아버지가 될 수도 있다. 원래 나의 할아버지가 나 자신이기 때문이다(거울을 통해 자신의 눈을 보라. 할아버지와 아주 많이 닮지 않았는가?). 자신의 출생 전으로 돌아가 어머니를 죽인다면? 자신이 입양아였다는 사실이 밝혀질 뿐이다. 하지만 이런 사실들을 염두에 두고도 의도적으로 역사에 반기를 든다면 어떻게 될까? 과거로 가서 나 자신을 만난다고 가정해보자. 젊은 쪽의 내가 이 만남에서 나눴던 대화를 기억하고 나이를 먹은 다음 늙은 쪽 자신이 되어 의도적으로 당시와 다른 말을 해보는 것이다. 도이치와 록우드는 이렇게 묻는다. "우리는 애초의 뜻과 달리 원래의 말을 그대로 해야만 한다는 저항 불가능한 충동에 휩싸일까? 말이 안 되긴 하지만 말이다."

상식적인 답은 "그렇다"이다. 이런 일이 생기지 않도록 무언가가 잘못돼야 한다. 타임머신이 고장 난다거나 시간여행자의 대뇌 기능에 장애가 생겨 원래의 말을 그대로 반복하는 것이다. 폴 데이비스의 설명에 따르면 문제의 핵심은 "구속당하지 않는 자유의 지"다. 이 단계에서 합리적인 사람들이 수긍하듯이(그러지 않을 경우 정원의 땅속에서 요정이 솟아나기 때문이다) 만약 자유의지가 환상에 불과하다면 시간여행의 장애 몇 가지를 없앨 수 있다. 개연성 없이 자신의 할아버지를 죽이는 것은 단순히 불가능하다. 스티븐 호킹은 안전을 기하기 위해 "연대기 보호가설"(Chronology Protection Conjecture)을 제안했다. 우주를 역사의 오염으로부터 지키기 위한 보호체제가 존재한다는 것이다. 이 가설을 한마디로 요약하면 시간여행이 이론적으로는 가능하다 해도 우주가 타임머신의 탄생을 허락하지 않기 때문에 실질적으로는 불가능하다는 것이다.

우리가 사는 우주는 고전적이고 상식적이지 않다. 뉴턴역학이 우리가 접하는 세계에서는 잘 적용되지만 실제로는 근사치일 뿐이다. 양자론적 세부와 상대성이 힘을 겨루는 실제 세계는 그보다 훨씬 복잡하다.

하지만 양자역학에도 좋은 점이 하나 있다. 시간여행의 모순을 해결할 간편한 방법을 제공하는 것이다. 예를 들어, 지금까지 당연한 것으로 생각되었던 바와는 달리 전자가 충돌 후 좌우 어느 방향으로 향할지를 '고를 수' 있다면 그 시점에서 완전히 독립적인 두 세계 또는 두 우주가 탄생할 수도 있다. 전자가 오른쪽으로 가는 우주와 왼쪽으로 가는 우주 말이다. 다세계가설(the many worlds hypothesis)을 처음으로 내놓은 것은 휴 에버렛 3세(Hugh Everett III)이다(에버렛 3세는 1960년대에 '블랙홀'이란 말을 만들어낸 존 휠러와 함께 연구한 바 있다). 이 가설에 의하면 우리는 무한한 개수의 평행우주 중 하나에 살고 있다. 이 아이디어는 『히치하이커』에도 여러 번 등장하며 본서 내에도 별도의 장을 마련해두었다(12장 참조).

당신이 1933년으로 거슬러 올라가 히틀러를 성공적으로 암살했다고 치자. 나치의 악몽도 없고 제2차 세계대전도 발발하지 않는다. 원래는 죽었을 수백만의 사람들이 살아남는다. 대신 살았어야 할 사람들이 많이, 물론 원래보다는 적어야 하겠지만, 죽는다(히틀러가 그 첫 번째다). 이야말로 되돌리기 불가능할 만큼 역사를 바꾸는 기념비적 사건이며, 당신이 수태되고 태어날 수 있었던 환경 역시 이 변화의 영향을 받을 수 있다. 미래로 돌아가면 세상은 바뀌어 소련이 세계를 지배하거나 미국의 군사독재가 지구의 주인이거나 그도 아니면 범세계적인 평화적 민주주의가 세상을 덮고 있을 것이다. 이 새 세계에는 당신이 존재했던 흔적이 없을 수도 있다. 하지만 문제될 것은 없다. 당신이 갑자기 사라지지도 않을뿐더러 미래로 돌아갔을 때에도 아무 문제가 없다.

당신이 과거로 돌아가서 영향을 끼치고 바꾼 것은 또 다른 평행세계일 뿐이다. 당신은 자신이 히틀러를 암살한 우주에 존재한 적이 없기 때문에 역설이나 모순이 등장하지 않는 것이다. 당신은 다른 평행세계에서 온 이방인이다. 그렇다면 요정은? 그 역시 문제없다. 하늘에서 뚝 떨어진 것으로 보이는 동전도 사실은 다른 우주에서 이리로 건너온 것이다. 1905년에 살고 있는 아인슈타인에게 그 자신의 놀라운 발견에 대해 얘기해준다 해도 잘못될 것은 없다. '이' 우주의 아인슈타인은 그런 식으로 상대성이론을 발견한 것이다. 당신이 온 원래 우주의 아인슈타인은 스스로 생각해낸 것이다. 당신은 한 우주에서 정보를 집어와 다른 세계에 밀어 넣은 것뿐이다.

설명의 편의를 위해 요가해법(Yoga solution)이라고 부를 만한 가설도 있다. 영국의 물리학자 줄리안 바버(Julian Barbour)는 시사하는 바가 풍부한 저서 『시간의 끝』(The end of Time)을 통해 과거·현재·미래에 대한 우리의 개념이 실은 우리 두뇌가 진화하고 성장한 방식 때문에 얻어진 것에 불과하다고 주장한다. 우리가 일반적으로 생각하는 시간이란 강과 같아서 우리는 그 강을 거슬러 오르거나 멈출 수도 없이 하류로만 흘러간다. 바버는 시간을 사건들이 붙박여 있는 관념적 고체로 상상해보라고 제안한다. 그에 따르면 시간이란 '자연'이 모든 사건의 동시다발을 방지하는 방식의 하나다. 현재와 과거와 미래가 실은 한꺼번에 존재한다는 것이다. 마음을 편안하게 해주는 착상이다. 우리 생 이전의 영겁과 우리의 일생과 앞으로 다가올 영겁이 동시에 존재한다면 죽음이란 아무 의미도 없기 때문이다. 죽음은 모든 만물의 일부에 불과하다.

"솔직히 말하자면 시간여행보다는 우리의 일상적인 존재가 훨씬 흥미롭다." 바버는 이렇게 말한다. "우리는 기억을 통해 과거에 살고 기대를 통해 미래를 미리 맛본다. 우리가 모든 시간대에 존재할 수 있다면 무엇 때문에 타임머신을 만들어야 하는가? 우리는 전체의 일부분인 동시에 각자의 입장에서 보는 사물의 총합이다." 좋은 말이긴 하지만 헤이스팅스전투를 직접 찾아가 눈으로 보고자 하는 사람들에게는 별 도움이 되지 않는다.

우리 후손들이 지금까지 애기한 타임머신들을 만들지 못할 것이라는 정황 증거가 있다. 우리는 역사상 아주 흥미로운 시대에 살고 있다. 시대적인 자부심이나 쇼비니즘 때문에 하는 말이 아니다. 다른 시대도 흥미롭지 않은 것은 아니다. 예를 들어 2,000년 전의 중동지역 역시 관심을 둘 만하다. 파라오들은 황금시대를 열었고 로마인들이나 고대 그리스의 고전문학도 있었다. 그럼에도 불구하고 20세기와 21세기는 역사상 특별한 시기로 영원히 남을 것이다. 여기에는 수많은 이유가 있다. 인류는 이 시기에 우주로 여행하는 법을 배웠다. 컴퓨터가 처음으로 등장했고 전쟁이 생물종 전체와 행성의 생존을 위협했다. 가장 중요한 것은 20세기 말에 진정한 의미의 범세계적 문명이 여명을 맞이했다는 점이다. 한 명의 지도자를 추대한 것도 아니고 어떤 의견에 모두 동의한 것도 아니지만 사람들은 전쟁분계선과 영토분쟁을 넘어서서 문화를 공유하기 시작했다. 인터넷과 싸고 빠른 상용 국제항공 여행 덕에 세계는 과거 어느 때보다 좁아졌다. 이 모든 것을 종합해보건대 가까운 미래, 또는 먼 미래의 사람이 이 시대를 방문하지 않는 것은 실로 이상한 일이다.

시간여행자들은 전부 어디 갔는가? 미래에서 날아온 여행객들은 모두 어디 있는가? 역사적으로 중요한 과거의 사건에 유행에 맞지 않는 옷을 입은 방문객이 있었다는 기록은 왜 남아 있지 않은가? 이 질문에 대한 대답 중 하나는, 구현 가능해 보이는 타임머신들 일부를 보아도 짐작할 수 있듯이 첫 타임머신을 발명한 시점 이전으로의 시간여행은 불가능하다는 것이다. 만들어진 시점에 볼바이로 닻을 내린 웜홀타임머신이 이 경우에 해당한다. 또 다른 설명은 비록 시간여행이 가능하다고는 해도 우리 인류는 달성하지 못했다는 것이다. 귀찮아서 그랬을 수도 있고 그에 수반되는 수학을 해치울 만큼 머리가 좋지 못해서일 수도 있으며 어쩌면 타임머신을 만들기 전에 우리 문명이 멸망했을 수도 있다. 외계 문명들은 타임머신을 만들었지만 상상컨대 자신들의 과거에만 관심이 있을 뿐 우리 것에는 흥미가 없을 수도 있다. 다세계가설이 사실이라면 우리가 살고 있는 이 우주는 수십억 개의 세계 중 미래의 여행자가 과거를 방문하지 않는 우주일 수도 있다. 시간여행이 정말 쉽고 간편한 것으로 판명 난다면 우리가 마침내 시간여행을 달성하고 은하로 진출하는 순간 만물이 제분기에 갈리듯 갈라져 나갈 수도 있다. 그렇다면 '원래 시간 지키기 운동'을 벌여야 할지도 모른다.

인류가 가까운 미래에 타임머신을 개발한 다음 우리의 예상과는 달리 먼 과거로 갔을 가능성도 있다. 그렇다면 "시간 관광객들은 어디로 갔는가?"라는 질문에 대한 대답은 간단히 "여기에 있다"가 될 것이다. 나는 단 한 번도 지구에 비행접시를 타고 온 외계인들이 득시글거린다고 생각해본 적이 없다. 우리 은하에 외계 생명체가 매우 드물다고 설득력 있게 주장하는 이론도 없지만 그렇다고 해서 외계인들이 반드시 우리를 방문해야 한다는 그럴듯한 이론도 없다. 하지만 타임머신을 탄 우리의 후손들은 그럴 수도 있다. 그럴 확률은 매우 낮지만 저 수많은 사기꾼과 거짓말쟁이들 속에 정말 우리의 미래를 훔쳐본 사람이 있을지도 모른다.

# 8

## 바벨피시

바벨피시는 노랗고 작으며 거머리처럼 생겼다.

동시에 우주에서 가장 독특한 생물일 것이다.

바벨피시를 귀에 붙이면 그 즉시 모든 언어를 이해할 수 있는 것이다.

『은하수를 여행하는 히치하이커를 위한 안내서』

외국어를 배워보려다가 실패한 모든 사람들에게 있어서 진짜 바벨피시란 비할 데 없는 축복이다. 푹 삶은 수달고기를 내놓고 주문한 게 맞다고 우기는 식당에서 밥을 먹는 대신 주말에 프랑스로 날아가 덜 익은 스테이크를 주문하고 정말로 살짝 익은 쇠고기를 먹을 수 있다고 상상해보라. 쿵푸영화가 극장에 걸리면 머리 큰 앞사람 너머로 자막을 보기 위해 목을 길게 빼지 않고도 자랑스럽게 감상할 수 있다고 생각해보라. 옆 식탁에 앉은 독일인들이 나에 대해 뭐라고 평하는가를 알아들을 수 있다고 생각해보라.

　우리를 찾아온 외계인들이 되돌아가는 첫 번째 이유는 언어 문제일 것이다. 우리는 원자폭탄과 평면TV를 만들었을 뿐 아니라 진화선상에서 디지털시계의 단계를 넘어섰다. 그럼에도 불구하고 바스크지역의 호텔 경영자에게 당번병이 군화에 광을 내야 하니

욕실의 물을 섭씨 70도로 유지해달라고 부탁하려면 바보 같은 책자와 씨름을 해야 한다.

낭만적인 사람들은 인류의 중얼거림이 다양해서 좋다고 칭송한다. 그들에 따르면 언어가 다르다는 것에는 정보를 다른 방식으로 부호화하는 것 이상의 의미가 있다. 사고방식의 차이와 현실에 대한 서로 다른 해석 등이 그것이다. 예를 들어 아일랜드의 특이한 고어에서는 '예'와 '아니오'를 한 단어로 표현하며 이는 아일랜드인의 특성을 나타낸다. 뉴기니의 부족언어에는 녹색의 단계를 표현하는 단어가 많은 대신 수에 대한 표현이 매우 적다. 언어가 사라진다는 것, 그리고 한 세기가 흐르면서 10개 언어 중 9개가 사라졌다는 것은 범세계적인 비극이다.

그렇다. 맞는 말이다. 진심이다. 하지만 아무리 아름답고 낭만적이며 사회학적으로 깊은 뜻을 품고 있다 해도 외국어란 지겹고 거추장스럽다. 그렇다고 전 세계의 언어를 하룻밤 새에 하나로 통일하자는 얘기는 아니다(수백 년이 지나면 결국 그렇게 될지도 모르지만). 대신 외국어를 쉽게 배울 수 있는 방법을 개발하든가 아니면 빠르게 번역하자는 것이다. 말수가 적은 청소년들과 열의에 넘치는 자비 유학생들이 깨닫는 바와 같이 일곱 살이 넘어서 새 언어를 배우려면 많은 시간과 노력이 필요하다. 물론 이것은 네덜란드인에게는 통하지 않는 말이다. 네덜란드인들은 어릴 때부터(운하 바닥에서 끌어올린) 바벨피시와 비슷한 것을 귀에 넣고 다니는 듯하다.

우리에게는 다행스럽게도 컴퓨터가 있다. 물론 컴퓨터가 스페인어를 가르쳐줄 수는 없겠지만 번역을 대신해줄 수는 있지 않을까? 물론 그럴 수 있다. 인터넷상에는 작고 유용하며 아주 유명한 번역프로그램이 있어 그와 같은 일을 대신 해준다. 정말로 잘 작동하는가 확인해보자. 여기 그 방법을 적는다.

웹페이지를 띄운다.

"바벨피시를 귀에 붙이면 어떤 언어든 그 자리에서 알아들을 수 있다는 것이 이 이야기의 실질적인 결론이다"라고 입력한 다음 스페인어로 바꿔보자.

결과를 복사한 다음 입력창에 붙여 넣고 다시 영어로 바꿔보자. 아, 재미 삼아서 프랑스어와 그리스어로도 똑같이 해보자.

최종 결과는 다음과 같다. "결국 막대기 속에 들어가면 듣기 속에 들어 있는 바벨이라는 물고기가 가진 것을 즉시 모든 종류의 독신들이"

이 결과는 100달러를 멕시코로 가져가면서 남쪽으로 이동하며 환전하는 것과 비슷하다. 파타고니아에 도착할 즈음이면 돈의 가치는 맥주 한잔 값보다 더 떨어질 것이다. 번역과정에서 문자 그대로 엄청나게 많은 것들이 날아가는 것이다. 끔찍한 결과를 초래할 수도 있다. 아서 덴트가 우연히 내뱉은 말이 웜홀을 통해 시공을 넘어갔고 번역상의 오류 때문에 전쟁이 발발해 수세기간 지속되며 수백만의 사람들이 죽었다. 물론 프랑스 식당에서 이런 대규모의 참사가 일어날 가능성은 거의 없지만 그럼에도 불구하고 외국어 습득의 고통을 없애줄 기계가 등장한다면 끔찍할 만큼 유용할 것이다. 하지만 유감스럽게도 이런 기계를 만드는 것은 극도로 어렵다. 왜 그럴까? 말이 통하도록 해주는 기계를 만들기가 왜 그리도 힘들까? 평균적인 두 살배기 어린아이들도 곧잘 해내는데 말이다.

바벨피시가 컴퓨터라고 가정할 때 그 기능을 기계번역이라고 부른다. 기계번역의 역사는 컴퓨터의 역사만큼이나 오래됐다. 피츠버그에 위치한 카네기멜론대학교 언어기술연구소(Language Technology Istitute) 교수로 있는 알론 라비에(Alon Lavie)에 따르면 그 역사는 "1940년대에 시작되었다." 바비에에 의하면 기계번역은 "컴퓨터를 사용하겠다고 마음먹은 최초의 적용사례"였다. 1950년대에 등장한 '장난감' 번역기는 그럴듯해 보였다. 조지타운대학교에서 그 첫 공개 시연회가 열렸다. 250개의 단어집을 이용해 49개의 러시아어 문장을 번역한 것이다. 모두가 흥분의 도가니에 휩싸여 있었다. 물론 "내 이름은 샘이다"보다 복잡한 문장으로 넘어가면 번역기가 끔찍한 결과를 내놓는다는 사실을 깨닫기 전까지 말이다. 1960년대에 들어서 기계번역이 결코 만만치 않다는 사실이 밝혀졌다. 미국국제과학학회(US National Academy of Science)는 1964년에 자동 언어처리 자문위원회(the Automatic Language Processing Advisory Committee), 즉 ALPAC를 설립하고 기계번역의 미래를 연구하기 시작했다. ALPAC는 그 2년 뒤 기계번역은 느리고 믿을 수 없으며 당시의 기술로는 쓸 만한 결과를 얻을 수 없다고 발표했다. 기계번역으로 흘러들어가던 세금줄은 즉시 끊겼고 컴퓨터를 이용한 번역은 잠정적으로 연기되었다.

학자들은 1970년대를 지나 1980년대에 이르기까지 우리의 재잘거림을 통역하기 위해 부단한 노력을 기울였다. 기계번역은 바벨피시 같은 장치가 등장하기 위해 반드시 필요한 음성인식기술(voice recognition technology)과 발걸음을 함께했다. 인터넷을 만들기도 했던 DARPA(Defense Advanced Research Projects Agency, 미국 방위고등연구기획국)는 1980년대에 음성인식프로그램을 개발했다. IBM은 1990년대 중반에 들어서면서 이 기술을 "비아보이스"(ViaVoice) 같은 제품에 사용했다.

그때부터 훌륭한 기계번역제품의 시장이 우후죽순 생겨났다. EU(European Union, 유럽연합)와 UN(United Nation, 국제연합)처럼 초국가적인 단체가 성장하고 인터넷이 발달하며 국제무역이 폭증하고 관광산업이 활발해졌다. 즉 번역 서비스의 수요가 급증한 것이다. 그 결과 중 하나로 영어가 야금야금 발을 넓혀 공용어처럼 쓰이게 되었다. 만약 이 추세가 1,000년 정도 계속된다면 결국 영어, 또는 영어의 사생아가 최종 왕좌를 거머쥘 것이다. 사실 출생 당시부터 사생아였다는 것이 영어의 강점이다. 영어는 평균 이상으로 많은 언어, 즉 그리스어·라틴어·독일어·프랑스어에 뿌리를 두고 있다. 또한 단어가 매우 많아 제대로 익히기는 어렵지만 문법은 비교적 쉬워서 많은 사람들이 어느 정도 유창하게 쓰기에는 수월하다. 다른 언어가 승리할 수도 있다. 2040년대가 되면 중국의 GDP(gross domestic product, 국내총생산)가 미국을 능가할 것이다. 우리는 어쩌면 몇 세기 지나지 않아 모두 북경어를 사용해야 할지도 모른다. 하지만 영어가 문화·상업·관광산업과 학술계에서 이미 차지하고 있는 위치를 보건대 가까운 미래에 1위 자리를 빼앗길 것 같지는 않다.

한편 기계번역을 연구하는 사람들은 고전을 면치 못하고 있다. 라비에에 따르면 가장 큰 골칫거리는 모호성이다. "인류의 언어는 상당히 모호하며 그 정도 또한 언어에 따라 다르다. 모호성은 모든 영역에 존재한다. 어휘, 통사론, 의미론, 언어별 구조와 관용어 등 전반에 걸쳐 있다." 다시 말해 말에 담긴 뜻이란 문맥에 아주 크게 의존하므로 단순히 문법과 사전을 합친 것만으로는 턱없이 부족하다는 것이다. 라비에가 계산한 바로는 기계번역이 제대로 작동하려면 수십만 개의 어휘 목록과 그만큼의 숙어집이 필요하다. 거기에 번역 규칙도 추가해야 한다. 라비에는 이렇게 묻는다. "그렇게 방대한 자료를 어떻게 모으고 구축할 것이며 (게다가) 그 정확성과 일관성은 어떻게 유지할 것인가?"

이 문제를 해결하기 위해서는 무지막지한 인력이 필요하다. 수천 인년(人年)에 해당하는 전문가들이 엄청난 양의 단어와 관용구 목록 및 규정집을 만든 다음 이를 디지털화해야 한다. 이상적인 기계번역 시스템은 모든 언어를 수용하여 뜻의 상징성을 자세하게 전달할 수 있어야 한다. 이는 결국 공용어, 즉 '인공국제어'로 이어질 것이며 이 국제어는 실제 존재하는 두 언어의 중재자 역할을 할 것이다. 라비에는 이를 두고 "이론적으로는 훌륭하지만 구현하기는 거의 불가능하다"고 평가한다. 중개용 언어는 번역할 말을 하나도 빠짐없이 명확히 표현할 수 있어야 하며 특정 언어에 편향적이지 않아야 한다. 너무 복잡하면 실제 언어들을 제대로 파악하기 힘들 것이다. 너무 단순하다면 미묘한 차이를 잃어버릴 것이다. 인공국제어는 컴퓨터공학자들이 시도하는 여러 방법 중 하나에 불과하다. 기계번역에 접근하는 또 다른 방식 중 하나는 통계적 방법이다. 프로그램을 통해 매우 방대한 양의 문서, 예를 들어 프랑스어와 영어로 기록된 캐나다의회 운영절차 같은 것들을 분석한 다음 관용구들이 상호 연관되는 핵심 패턴을 찾아내는 것이다.

음성 간 기계통역은 문서 번역보다 훨씬 더 어렵다. 구어는 난잡하다. 도움이 될 만한 구두점도 적을 뿐더러 '음' 이라던가 '아!' 같은 소리가 넘쳐나고 공포스러운 사투리가 섞여 있으며 말머리가 잘리고 발음도 제각각이다. 한 언어에 대해 신뢰할 만한 음성인식 시스템을 만드는 것조차 생각보다 훨씬 어렵다. 이 취약한 시스템을 이용해서 영화표를 예매하거나 미국 전화번호로 연락하는 것도 만만한 일이 아니다.

라비에는 완벽한 기계번역이란 아직 멀었다고 생각한다. "고품질의 언어번역은 아직도 5년 내지 10년은 더 있어야 한다." 하지만 라비에는 조만간 귀에 꽂을 수 있는 조잡한 수준의 통역기계, 즉 진정한 전자바벨피시가 판매될 것이라고 낙관적으로 전망한다. 라비에에 따르면 "대부분의 문제는 기계적인 것이다. 짐작컨대 기계번역이 만족스러울 만큼 발달하면 작은 기계를 사용해 이를 실시간으로 구현하는 것은 별로 어렵지 않을 것이다." 다른 말로 하자면 모든 언어를 하나로 통일시킬지도 모르는 위협적인 세계화야말로 우리가 무수한 언어를 쓸 수 있게 해주는 경제적이고 기술적인 원동력이다.

# 9

## 순간이동

어느 날 밤이던가

론과 시드니와 메기와 나는

집으로 순간이동했네.

론은 메기의 심장을 앗아갔고

나는 시드니의 다리를 가져갔네.

*행보칸 세계 제3행성에 위치한*

*시리우스 사이버네틱 순간이동장치 제조공장 앞에서*

*냉소적인 군중들이 부르던 노래 중에서*

A지점에서 B지점으로 가는 것은 이론적으로 볼 때 더할 나위 없이 간단하다. 영국만 놓고 보더라도 최고속도가 음속의 5분의 1, 즉 시속 225km에 달하는 자동차가 200종은 넘는다. 여객기를 이용하면 지구 반 바퀴를 하루에 이동할 수 있다. 증기선으로는 수 주일이 걸리는 거리이다. 내연기관은 인류에게 속도를 선물했고, 이론의 여지는 있겠지만 이는 20세기의 진정한 새로운 첫 경험이었다.

이처럼 빠른 차와 비행기가 있음에도 불구하고 여행이란 언제나 그렇듯 힘든 일이다. 싱가포르에 가건 사우스엔드에 가건 몇 시간은 걸린다. 버스가 넘쳐나는 평행우주와 우리 우주는 상당히 비슷하기는 하나 결코 같은 것은 아니다. 영국의 기차시간표는 어떤 출판사도 내주지 않을 만큼 복잡다단한 소설과 맞먹는다. 어느 나라 국민이든, 가난하든 돈이 많든 간에 교통사고의 경험은 한 번씩 있게 마련이다. 미국인들은 거대한 땅덩어리에 살고 있어서 여기저기 돌아다닐 일이 많을 것만 같은데 잔인한 모순에 의해 지구상에서 가장 끔찍한 공항과 공포스러운 교통체증으로 시달림을 받고 있다. 로스엔젤레스에서는 전차의 선로를 쪼개고 다중차선 구간을 만들어 세계의 부러움을 샀지만 그럼에도 불구하고 붐비는 시간이 되면 도시 전체의 이동 속도는 말이 종종걸음하는 수준으로 떨어진다. 개발도상에 있는 나라에서 돌아다닌다는 것은 보통 동물에 의존해 이동하거나 운이 좋으면 죽을 것처럼 붐비는 버스에 몸을 싣고 비명이 가득한 광기 속으로 길을 따라 돌진한다는 뜻이다. 유럽은 어떨까. 저녁 여섯 시에 나폴리 한복판을 운전해 보면 영원한 저주의 실체를 어렴풋이 느끼게 될 것이다.

난리법석을 칠 필요도 없고 공해를 배출하는 일도 없이 원하는 곳에 즉시 도착할 방법이 필요하다. 바로 이때 순간이동장치가 등장한다. 유명한 「스타트렉」의 이동장치는 유감스럽게도 공상에 지나지 않는다. 하지만 시간여행과 달리 어떤 종류의 순간이동은 오늘날의 한정된 기술만으로도 구현이 가능하다. 블랙홀을 길들일 필요도 없고 목성을 뭉개버릴 필요도 없다. 레이저와 거울을 이용해서 약간의 묘기만 부리면 된다. 아서와 포드를 재난구역에서 빼낸 것과 같은 고도의 순간이동[54]은 요원하지만 바이러스 하나, 또

---

**54** 『히치하이커』 속에서 포드 프리펙트는 순간이동장치를 사용해 철거되는 지구로부터 친구 아서 덴트를 구한다.

는 박테리아 하나 정도는 이동시킬 수는 있는 것으로 보인다. 이 것만 해도 놀라운 일이다. 이를 구현하기 위해서는 양자역학의 기이함을 극도로 밀어붙여야 한다. 게다가 순간이동 또한 시간여행과 마찬가지로 철학적인 골칫덩어리들을 한 아름 안겨준다.

우주로켓이나 원자폭탄과 마찬가지로 순간이동이란 SF작가들이 만들어낸 수많은 것들 중 하나다. 일반적으로 한 장소에 있는 물체나 사람을 분해한 다음 다른 곳에서 완벽한 복제품을 만드는 식으로 순간이동을 구현한다. 원리는 분명하지 않다. 몇몇 순간이동장치들은 A위치에서 물체를 스캔한 다음 원자와 분자 대신 그 정보만을 B로 보낸다. B에서는 이 자료를 이용해 원래의 물체를 새로 만든다. 「스타트렉」에 등장하는 엔터프라이즈호의 경우는 이동할 사람의 물리적 본질, 즉 실제 원자들이 A에서 B로 옮겨가고 이를 재구성하기 위한 정보 역시 전달되는 것으로 보인다. 커크 선장이 행성의 표면으로 전송될 때 (또는 드문 일이기는 하지만 우주공간으로 전송될 때) 도착지점에는 커크의 몸을 새로 빚기 위한 원자 바구니 같은 것은 보이지 않는다.

둘 중 어떤 방식이건 고전적인 순간이동은 팩스와 유사하다. 팩스란 문서 자체를 보내는 것이 아니다. 우리가 문서의 형상을 보내면 수신부의 기계가 그에 따라 재창조하는 것이다. 「스타트렉」의 전송 장치는 원래의 내용이 적혀 있던 분쇄된 종이 또한 함께 보내는 셈이지만 근본 원리는 같다. 팩스와의 차이는 원본이 사라진다는 점이다.

전송된 문서는 원본과 같은 것인가? 문서를 단순히 정보를 실어 나르는 수단으로만 본다면 이 질문에 대합 답은 '그렇다'이다.

단어와 글자체와 종이의 색깔까지 정확히 복사되었다면 차이는 없다. 하지만 대부분의 사람들은 이 결론에 만족하지 않을 것이다. 무엇보다도 현재 존재하는 문서가 두 개이기 때문에 그 중 하나만이 원본인 것이다. 전송된 문서가 항상 원본과 같은 법적 효력을 발휘하는 것은 아니다. 서명에는 손으로 흘려쓴 정보라는 것 이상의 의미가 있다. 2003년 말 미국국방장관인 도널드 럼스펠드(Donald Rumsfeld)가 이라크전쟁에서 가족을 잃은 유가족들에게 조의문을 보내자 항의가 빗발쳤다. 조의문의 서명이 럼스펠드의 친필이 아니라 기계에 의해 복사된 것이었기 때문이다. 서명은 그 역사성 때문에 신뢰를 얻는다. 서명은 반드시 원안자가 손으로 쓴 것이어야 한다. 즉 그 사람의 피부가 해당 문서의 용지와 직접 맞닿아야 하는 것이다.

순간이동의 기술적이고 철학적인 문제는 복사 과정에서 발생한다. 가장 간단한 예를 들어보자. 우리가 공중전화 부스나 방처럼 생긴 순간이동장치로 들어간다고 가정하자. 1958년의 원작을 바탕으로 1986년에 다시 만들어진 제프 골드블럼(Jeff Goldblum) 주연의 전형적인 순간이동 영화 「더 플라이」(The Fly)에 등장하는 것과 같은 장치 속으로 말이다.

안에 들어가면 레이저나 엑스레이 같은 광선이 우리의 몸을 분석한 다음 몸을 구성하는 모든 원자의 위치를 기록한다. 인간의 몸에는 평균적으로 7,000,000,000,000,000,000,000,000,000,000개의 원자가 있기 때문에 이는 보통 큰일이 아니지만 불가능한 것은 아니다. 수를 세고 히니히니 구분힌 다음 모든 원지의 위치를 기록하는 것은 현존하는 최고성능의 컴퓨터로도 불가능하지만 앞으로 언젠가는 가능하게 될 것이다. 이 일을 성공리에 마쳤다고 치자. 그 과정에서 우리 몸은 파괴된다. 영화에서 그렇듯 고통도 없고 순식간에 끝났으면 좋겠지만, 그건 어쨌든 중요하지 않다. 그러고 나면 이 원자들의 위치와 특성에 관한 정보가 전기케이블이나 전파나 일종의 양자처리를 통해 다른 방으로 전송된다. 즉 순간이동 수신부로 말이다. 우리의 몸은 그 안에서 원자단위로 재구성된다. 이 과정 역시 순식간에 일어난다고 가정하자. 그렇지 않으면 섬뜩하니까. 이는 3차원 팩스와 흡사하다. 그럼 뭐가 문제일까?

홍미로운 문제점이 등장하는 것은 바로 이 지점이다. 보통 SF에서는 두 가지 끔찍한 시나리오 중 하나를 따른다. 이 장의 첫머리에 등장했던 소곡이 암시한 것이 바로 첫 번째, 즉「더 플라이」시나리오다. 다른 물체가 우연히 탑승객과 함께 장치 안으로 들어가는 것이다. 조사가 진행되는 동안 외부 물체의 특성이 운 나쁜 순간이동자의 정보와 섞이고 합쳐진다. 그리고 합법적인 승객이 재구성될 때 무임승선자의 특성도 함께 실체화한다. 영화에서는 파리가 주인공 세스 브런들을 따라 들어간다. 브런들이 실험실 건너편으로 전송되면서 브런들과 파리의 DNA가 합쳐지고, 그 결과는 매우 가슴 아프다.

두 번째 시나리오는 순간이동장치의 기능에 문제가 있는 경우이다. 팩스에 문제가 있으면 글자가 일그러지거나 줄이 흩어지듯이 복사본이 완전하지 못한 경우를 말한다. 첫 극장판「스타트렉」에서는 이와 같은 고장 때문에 발생하는 비극적 상황이 분명하게 드러난다. 순간이동장치를 통과한 두 승무원의 몸이 뒤집힌 상태로 엔터프라이즈호의 전송장치 위에 나타난 것이다(「더 플라이」의 원숭이도 같은 일을 겪는다). 결과가 치명적으로 위험하지 않고 장비를 잘 점검해놓았다 하더라도 순간이동이란 놀이공원에 가는 것과는 전혀 다르다. 『히치하이커』 1권에서 포드 프리펙트와 아서 덴트는 역설적이게도 보곤인들이 더 빠른 교통을 위해 지구를 파괴하기 직전 순간이동장치를 이용해 탈출한다. 포드는 아서에게 순간이동의 충격을 완화하기 위해서는 많은 양의 염분과 단백질, 그리고 근육이완제가 필요하다고 설명한다. 그러니 앞으로 순간이동할 일이 생기면 맥주 1파인트와 땅콩 한 봉지를 준비하기 바란다.

순간이동의 가장 심각한 문제는 기계 고장이 아니다. 기계가 어떻게 작동되는지를 기억해보자. 여러분이 기계 속으로 걸어 들어간다. 복사가 되고 어딘가 다른 곳에서 다시 만들어진다. 이 과정 중에 원래의 '여러분'은 파괴된다. 이게 큰 문제일까? 얼핏 생각하기로는 그렇지 않다. 전송된 물체가 사람이 아니라 오래된 자동차라고 해보자. 자동차를 이동장치에 넣고 짜잔! 하고 나면 1km 밖에서 다시 나타나는 것이다. '새로' 나타난 자동차의 원자 하나하나는 옛것과 동일하다. 철원자는 결국 철원자인 것이다. 각 원자의 위치와 아원자입자의 양자 상태(quantum state) 또한 동일하다. 이 차는 원래의 차와 외형, 감촉, 냄새까지 같고 움직이는 것도 같다. 도색이 긁힌 부분도 그대로고 뒷자석에 붙은 개털도 그대로며 앞유리에 난 홈과 범퍼에 붙은 녹도 그대로다. 순간이동한 자동차에 가서 패인 자국과 기름의 흔적까지 살펴보자. 주요한 모든 면에서 이 차는 원래의 것과 동일하다. 사실 이 차는 완벽한 복제품 이상이다. 실제로 원래의 차인 것이다. 물리학자 브라이언 그린이 말한 바와 같이 "같은 종류의 두 입자가 동일한 양자 상태에 있다면 양자역학의 법칙에 따라 이 둘은 동일하다. 현실적인 의미뿐 아니라 원리적으로도 그렇다." 다른 식으로 말한다면 우리의 오래된 차가 순간이동을 했다고 한들 이를 확인할 수 있는 방법은, 심지어는 이론적으로도 전혀 없다. 눈앞에 있는 것은 문자 그대로 우리 자동차다. 머릿속 한구석에는 찜찜한 부분이 남겠지만 말이다.

순간이동장치를 떠나서 실생활에서 똑같은 철학적 문제를 안겨주는 예를 찾아보자. 몇 년 전인가 유명한 자동차 잡지에서 다음과 같은 이야기를 본 적이 있다. 자동차광(狂) 한 사람이 길바닥에서 희귀하고 오래된 로버살롱이 버려진 것을 발견했다. 자의 상태는 엉망이었지만 로버살롱은 전 세계에 대여섯 대뿐이었으므로 우리의 주인공은 이 차를 살리기로 마음먹었다. 그리고 차를 살린 다음 뭘 해야 할지 결정했다. 차체가 너무 심하게 부식되었기 때문에 비슷한 차종의 것으로 대체했다. 차판 역시 대부분 손상되었기 때문에 알루미늄판을 손으로 직접 자르고 정성스레 맞춰 넣었다. 엔진도 구제불능이었다. 하지만 그 역시 비슷한 모델의 차에서 구해다가 대체했다. 트랜스미션과 액셀과 바퀴와 내부장식도 마찬가지였다. 어쨌든 우리의 자동차광은 그 차를 복구했다. 사실은 이 새로운 차에서 원래의 것은 오직 배지뿐이었다. 이 배지는 매우 가치 있는 물건이었기에 복제본을 만들어달고 원래 것은 따로 떼어 보관했다. 잡지는 이 이야기를 놓고 고물딱지가 새로 태어난 감동적 미담이라고 평가했지만 이는 사실과 다르다. 자동차광은 복제품을 만든 것이지 원래 것을 복원한 것이 아니다. 하지만 투고란에 이 점을 지적했던 소수의 독자들은 동료 자동차광들의 비난을 들어야 했다. 더 일상적인 예를 들어보자. 우리 집 차고에는 오래된 멋진 도끼가 하나 있다. 자루는 세 번 바꿨고 날은 두 번 바꿨다.

대부분의 사람들은 사물이 그것을 구성하는 원자 이상이라 믿는다. 그 원자가 모든 면에서 동일하다 해도 전송된 사물에는 원래의 것과 다른 무언가가 있다는 것이다. 자동차를 사람으로 대치하면 이 문제는 훨씬 더 커진다. 순간이동 하는 과정에서 우리 몸이 파괴되고 다른 곳에서 재조합되었다고 하자. 순간이동한 것은 어느 쪽일까? 우리? 아니면 복제본? 이런 의문이 발생하는 것은 순간이동을 하건 이동장치로 걸어 들어가서 자신의 머리에 총을 겨누고 방아쇠를 당기건 아무런 차이가 없기 때문이다. 순간이동을 하면 그 본체는 죽는다. 나와 똑같은 사람이 나라고 자처하고 스스로도 그 사실을 믿을뿐더러 순간이동했던 순간까지의 모든 기억을 갖고 있다고 한들 본체가 죽었다는 사실은 변하지 않는다. 진짜 '나'의 일생은 전송장치의 버튼을 누르는 순간에 끝난 것이다. 새로운 나는 사기꾼이다.

이 논쟁에서의 논리를 확인하기 위해 순간이동이 즉시 발생하지 않고 복제를 만들기 위한 정보를 100년쯤 보존해둔다고 상상해보자. 이 자료를 담고 있던 기계가 고장 나서 새 기계를 만들고 옛것에 들어 있던 자료를 옮겨온다고 치자. 이 작업에 한 세기가 걸렸다고 가정하자. 본래의 나는 몇 년 전에 죽은 상태다. 마침내 뒤로 미루었던 전송작업을 끝냈다 한들 대부분의 사람들은 이것을 '이동'이 아닌 복제라고 생각할 것이다. 다른 가능성도 살펴보

자. 순간이동장치에 문제가 생겨서 스캐닝 도중에 원본을 죽이지 못했다면 어떻게 될까?(사실 이런 일은 불가능하다. 그 복잡한 이유에 대해서는 뒤에 자세히 살펴볼 것이다) 내가 살아 있음에도 불구하고 복제본이 만들어졌다. 양쪽 모두 열성적이고 진지하게 진짜 '나'라고 믿는다. 복제본은 원본과 똑같으며 기억도 같다는 것을 잊지 말자. 이런 오작동이 자주 발생한다면 어떨까? 런던에서 뉴욕으로 가기 위해 순간이동회사에게 1,000파운드를 지불했다고 하자. 하지만 원본이 죽지 않았을뿐더러 실수로 인해 뮌헨과 시드니와 몬트리올에도 자료가 발송되었다면? 이제 다섯 명의 '나'가 존재한다. 순간이동회사는 이렇게 말할 것이다. 문제는 없습니다. 우리가…… 음…… 원본을 포함해서 실수로 태어난 복제본 네 명을 폐기처분하겠습니다. 물론 추가비용도 없구요. 자, 이쪽으로 오시지요, 고객님. 하나도 아프지 않고 금방 끝나거든요.

이런 식으로 사람을 전송하는 것은 명백한 살인행위다. 정말 그럴까? 이제부터 우리가 의미하는 정체성과 확실성을 명확히 정의하기 위해 낯설고도 성가신 작업을 시작해보자. 많은 사람들이 인정하듯이 앞서 말한 순간이동, 즉 원본을 파기하고 복제본으로 대체하는 행위는 우리의 일생을 거쳐 아주 자연스럽게 일어나고 있다. 현재를 살고 있는 '나'의 몸은 20년 전과 동일하지 않다. 물론 나이도 먹고 살도 쪘으며 주름살도 늘었을 것이다. 하지만 그보다 더 근본적인 변화가 있다. 우리 몸의 세포는 끊임없이 죽고 새것으로 교체된다. 우리 신체를 구성하는 $8 \times 10^{28}$개의 원자 대부분은 10년, 20년, 30년 전의 우리 몸을 이루고 있던 원자와 다른 것들이다. 40년 전 내 키는 18인치였으며 몸무게는 8파운드쯤이었다. 그

때나 지금이나 '나'라는 사실에는 변함이 없지만 몸무게는 25배로 늘었다. 물리적으로 볼 때는 복제의 근처에도 못 가는 것이다. 나는 새로운 원자들의 집합이다. (수사학적으로 '내가' 머물고 있는) 대부분의 뇌세포는 그때 그대로지만 그렇지 않은 것들도 많다. 성인의 뇌 또한 새 세포를 만들어낸다는 것이 밝혀졌다. 결과적으로 젊었을 때의 내가 새 원자를 사용해 미래로 전송되었으나 그때보다 활기도 없을뿐더러 생김새도 전혀 다른 복제본이 만들어진 것과 다를 바 없다. 하지만 내가 과거와 다른 나라고 생각하는 사람은 아무도 없다. 최소한 나는 그렇게 생각한다. 이런 관점에서 본다면 순간이동은 살인이 아니라고 할 수 있을까?

여기서 문제가 되는 것은 파괴와 재창조다. 그렇다면 개인의 본질은 살아남는 것일까? 아직까지 뇌 이식(또는 뇌를 제외한 신체이식이라고 해도 같은 뜻이다)에 성공한 사례는 없다. 하지만 뇌의 일부를 이식하는 시술은 이미 행해지고 있다. 헌팅턴병(Huntington's disease)을 비롯한 퇴행성질환을 치료하기 위해 태아의 뇌세포를 주입하고 있는 것이다. 이러한 치료가 극히 초기 단계이고 실험적이기는 하지만 이로부터 흥미로운 의문점이 생겨난다. 질병이나 사고 때문에 뇌가 손상되었다고 하자. 신경외과의사들은 그리 멀지 않은 미래에 유전적으로 대체 가능한 뉴런을 실험실에서 배양하거나 (이미 시도되고 있는 바와 같이) 집적회로에서 인공뉴런을 길러 이를 우리의 손상된 회백질에 심어 치료에 이용할 수 있을 것이다. 원래 뇌의 어느 정도가 대체되어야 원래의 우리가 다른 사람으로 바뀌는 것일까? 의사들이 오래된 차를 고치는 것이 아니라 새 차를 만드는 것은 어느 시점부터일까? 수술이 성공적으로 끝나고 최소한 다른 사람들이 보기에 환자가 옛 기억과 옛 성격을 그대로 유지하고 있다면 그 대답은 '그런 일은 생기지 않는다'이다.

이러한 딜레마에 직면하기 위해서 꼭 뇌수술을 받아봐야만 하는 것은 아니다. 우리의 뇌는 매일 밤 잠들 때마다 꺼진다. 완전히는 아니지만 그날 내내 이어왔던 지속적인 의식 상태를 충분히 끊을 정도다. 문제될 것은 없다. 여덟 시간 후면 잠에서 깨어나고 뇌역시 활동을 재개하기 때문이다. 사실 깨어 있건 잠들어 있건 두 뇌의 전기화학적 상태는 10분의 1초마다 변화한다. 양자 단계에서는 확실히 지금 이 순간의 뇌는 5분 전의 뇌와 같지 않다. 유지되는 것은 동일한 기억을 간직하고 있는 동일한 뇌라는 '느낌'이다. 조금도 의식하지 못하면서 매 초마다 죽고 살아나기를 반복한다고 할 수도 있는 것이다.

그렇다면 순간이동에 의해 표면으로 떠오른 존재의 본질이란 무엇일까? 기억? 아니다. 기억은 유지될 수 있기 때문이다. 우리를 이루고 있는 전자들? 전혀 그렇지 않다. 우주에 있는 모든 수소 원자들은 근본적으로 완전히 동일하다. 이 원자들이 지속된다는 사실? 그 역시 답은 아니다. 신체가 성장하는 한 그런 일은 없기 때문이다. 원자가 같은 공간을 점유한다는 점? 이것도 틀린 답이다. 이 말이 맞다면 우리는 움직일 때마다 새 사람으로 거듭나기 때문이다. 그렇다면 우리는 순간이동의 어떤 구석 때문에 마음이 편치 않은 것일까? 나라면 순간이동장치 안으로 절대 들어가지 않겠지만 브라이언 그린은 다르다. 그린은 저서 『우주의 구조』(*The Fabric of the Cosmos*)에서 이렇게 말한다.

수신장치에서 걸어 나온 사람은 송신장치에 들어갔던 사람과 동일 인물일까? 나는 개인적으로 그렇다고 생각한다. 내가 생각하기에 그 구성원자와 분자의 양자 상태가 나와 동일한 사람은 곧 나 자신이다. '복제'가 일어난 후에 '원래'의 내가 계속 남아 있다 해도 나는 주저 없이 둘 다 '나'라고 대답할 것이다. 두 사람 모두 서로 동등하다는 사실에 문자 그대로 동의할 것이다.

수긍할 수 없는 사람도 있을 것이다. 인간의 자아에 물리적인 상태 이상의 본질적인 것, 예를 들어 영혼 같은 것이 있다고 믿는 사람은 순간이동의 과정에서 그 본질이 파괴된다고 생각할 것이다. 명차광(狂)들과 자동차 판매상들은 구형자동차의 '영혼'에 대해 같은 식으로 얘기한다. 흥미로운 것은 차체나 엔진부에서 어느 정도까지가 원래 것인가에 따라 '같은' 차인가 아닌가를 판단하는 상세한 규정이 있다는 점이다. 이 규정들은 비양심적인 정비공이 구식 차의 복제본을 만든 다음 원본이라고 판매하는 것을 막기 위해 만들어졌다. 앞서 언급한 자동차광의 경우라면 이 시험을 통과할 수 없을 것이다. 생물에 있어서도 이처럼 문제가 간단하다면 얼마나 좋을까.

순간이동에도 시간여행과 마찬가지로 철학적인 난제들이 있다. 그것과는 별개로, 나는 이원(二元)론자(dualist)도 아니며 영혼이나 기타 허깨비들을 믿지도 않는다. 하지만 그런 나조차도 그런의 주장에 동의하기는 쉽지 않다. 노래 「행보칸 세계」에는 다음과 같은 구절이 있기 때문이다. "거기 가기 위해서 산산조각 나야 하다면······."

순간이동과 시간여행에는 커다란 차이가 하나 있다. 그리고 바로 그것 때문에 순간이동이 훨씬 쉽다. 양자물리학의 어떤 기이한 면들은 물체를 순식간에, 또는 빛보다 빠른 속도로 방의 건너편으로 보내는 일이 가능하게 한다. 이것은 이상하다. 양자물리학은 순간이동이 불가능하다고 딱 집어서 규정하는 것처럼 보이기 때문이다. 하이젠베르크(Werner Karl Heisenberg)의 불확정성원리(Uncertainty Principle)에 따르면 어떤 대상의 위치와 운동량을 동시에 아는 것은 불가능하다. 미생물이나 사람 또는 자동차를 스캔해서 각 원자의 위치를 파악하면, 대신 그 속도를 알 수 없는 것이다. 사실 불확정성원리에 따르면 어떤 종류의 특성을 대입하든지 이와 같다. 전자처럼 간난한 대상의 양자 상태조차 완벽하게 파악할 수 없는 것이다(엔터프라이즈호에는 "하이젠베르크 상쇄장치"가 있어서 이처럼 자질구레한 문제점을 해결해준다).

그럼에도 불구하고 1993년 IBM의 찰스 베넷(Charles Bennett)이 이끄는 여섯 명의 미국·캐나다·이스라엘 과학자들은 이론적인 순간이동장치를 제시했다. 이 가상의 장치는 실제로 양자세계에 기초하고 있지만, 그 불가사의에는 구애되지 않는 것이었다. 그들의 사고(思考)실험은 "얽힘"(entanglement)이라는 양자적 속성을 가정한다. 얽힘은 광자나 전자 같은 양자체들 간에 발생하는 것으로 보이는 소통을 지칭한다. 어떤 대상의 속성, 예를 들어 특정 광자의 편광 방향(polarization)[55] 등을 측정한 결과가 우주의 어떤 것과

---

**55** 전자기파가 진행 방향에 수직인 임의의 평면과 만났을 때 그 구성성분인 전기장이나 자기장이 특정 방향으로 진동하는 현상을 말한다.

도 무관하며 무작위적인 것으로 보인다 하더라도 거기에는 짝이 (설사 둘이 100만 광년 이상 떨어져 있더라도) 있어서 같은 속성을 지니고 있다는 것이다. 이것을 '얽힘'이라고 한다. 얽힘은 아인슈타인과 로젠, 그리고 보리스 포돌스키(Boris Podolsky)의 이름 첫 글자를 따서 EPR효과라고도 한다. 세 사람은 1935년에 얽힘이 어떻게 먼 거리를 넘어서 작용하는가를 추론해냈다. 죽을 때까지 양자적 세계관을 마뜩찮아 했던 아인슈타인은 이 효과를 일컬어 "먼 곳에서 일어나는 귀신놀음"이라고 표현했다.

얽힘 현상이야말로 정보를 빛보다 빠른 속도로 먼 곳에 전송하기에 안성맞춤인 것처럼 보인다. 하지만 언뜻 생각해봐도 모자라는 구석이 있다. 얽힘에 따르면 여기 있는 광자A의 편광을 측정함으로써 먼 곳에 있는 광자B의 편광을 간접적으로 알 수 있어야 한다. 하지만 광자A의 상태를 관찰하는 행위가 A의 상태를 변화시키고, 따라서 우리는 A의 편광이 어땠는가를 알 수 없게 된다. 우리가 알 수 있는 것은 측정이 행해졌을 당시 두 광자가 같은 상태에 있었다는 것뿐이다.

이 문제를 피해갈 방법이 있다. 방 한쪽에서 다른 쪽으로 대상의 실제 양자적 상태와 정보를 함께, 순간적으로 보낼 수 있는 방법 말이다. 인스브루크대학교의 안톤 자일링거(Anton Zeilinger)가 이끄는 일단의 물리학자들은 양자의 얽힘 현상을 이용해 광자 하나를 빛에 가까운 속도로 순간이동시킴으로써 베넷 일행이 1993년에 행했던 사고실험을 실천에 옮겼다.

자일링거 일행이 사용한 방법은 광자A(순간이동시키려는 광자)에서 반대편에 있는 광자로 정보를 보내기 위해 또 한 쌍의 얽혀 있는 광자를 전달자로 이용하는 것이다. 광자를 건드리면, 즉 광자의 상태를 건드리면 모든 것이 엉망이 된다. 하지만 관측행위 자체에 얽힘 현상을 이용하면 무균 처리된 장갑을 끼고 광자를 만지듯 제대로 관측할 수 있다. 방법은 다음과 같다. 광자A, B와 C를 준비한다. B와 C를 얽는다. B를 순간이동장치의 송신 측 바로 옆에 놓고 C를 수신 측에 놓는다. 이제 광자A를 직접 건드리지 않고도 A와 B의 원하는 특성을 측량할 수 있다. 이것이야말로 1993년에 베넷과 동료들이 가능하다고 밝힌 바 있는 방법이다. 예를 들어서 실제로 스핀 상태가 어떤지를 확인하지 않고도 A와 B의 스핀이 같은가를 측정할 수 있는 것이다.

이제 A와 B의 상관관계를 알 수 있다. 그리고 B와 C는 서로 얽혀 있다. 따라서 광자A의 정확한 양자 상태를 수신부로 보낼 수 있다. 순간이동장치는 이 정보를 이용해 A의 원래 상태를 계산하고 광자C에 그 상태를 복제할 수 있다. 이제 C는 순간이동한 A가 된 것이다.

이 과정 중에 원래의 광자A, 또는 이 황당무계한 작업을 하기 전의 A의 양자 상태는 파괴된다. 광자를 순간이동시키고 원본을 파괴한 것이다. 1997년 당시 자일링거와 동료들은 레이저, 분광기, 일련의 편광장치와 거울들 그리고 레이저가 통과하면 서로 얽힌 광자의 쌍을 만들어내는 수정을 이용해 이 실험을 수행했다. 1년 뒤 패사데나(pasadena)와 덴마크에 있는 과학자들이 같은 방법을 이용해 광선을 통째로 순간이동시키는 것이 가능함을 보여주었다. 오스트레일리아의 과학자 핑 코이 램(Ping Koy Lam)은 2002년에 같은 업적을 이루었다. "우리는 지금 수십억 개의 광자를 가져다놓고 파괴한 다음 다른 장소에서 재생성했다." 이는 당시 램이 했던 말이다.

이것이 정말 순간이동일까? 결과적으로 방 건너편으로 날아간 것은 광자 자체가 아니라 양자 상태뿐이다. 그리고 그 상태를 다른 양자에 나눠준 것이다. 물리학자들은 어떤 대상의 양자 상태가 곧 그 대상 자체라고 말한다. 자일링거가 「사이언티픽아메리칸」에 썼듯 "같은 종류의 입자가 같은 양자 상태에 있다면 둘을 구분하는 것은 불가능하다. 원리적으로도 그렇고 〔……〕 이것이 바로 동일성의 의미다. 모든 특성이 같다는 사실 말이다." 자일링거도 지적했듯이 이야말로 팩스보다 훨씬 본질적으로 사물을 전송하는 방법이다. 팩스의 경우 두 통의 문서가 남는다. 양자적 순간이동의 경우 원본은 반드시 파괴된다. 팩스를 보낸 경우 어느 쪽이 원본이고 어느 쪽이 복제인지가 분명하다. 양자적 순간이동 후에 남은 '복제'는 진정한 의미에서 원본과 동일하다. 물리학자 제프 킴블(H. Jeff Kimble)과 스티븐 반 엔크(Steven Van Enk)는 「네이처」에 실은 논평을 통해 순간이동이란 "본체에서 떼어낸 양자 상태의 전송"이라고 규정했다.

물론 광자와 자동차, 고양이, 파리, 인간은 다르다. 손에 쥘 수 없는 광선은 그렇다 치자. 하지만 실체가 있는 물체들의 세계는 다른 문제다. 이 방법을 사용해서 더 큰 물체를 전송할 수 있을까?

이론적인 대답은 '그렇다'일 것이다. 물론 우리 눈에 보이는 물체를 순간이동시키기 위해서는 어마어마한 양의 계산이 반드시 뒤따른다는 경고를 덧붙여야 하겠지만 말이다. 2003년, 프랑스의 과학자들은 원자의 얽힘 현상을 만들어내는 데에 성공했다. 원자란 양자적 관점에서 볼 때 거대한 괴물이나 마찬가지다. 2004년, 라이너 블랏(Rainer Blatt)과 데이비드 와인랜드(David Wineland)는 원자를 얽을 수 있다면 전송할 수도 있음을 제대로 보여주었다. 인스브루크대학교와 콜로라도에 있는 국립표준기술연구소(the National Institute of Standards and Technology)에서 각자 근무하던 블랏과 와인랜드는 광자에 적용했던 것과 같은 기술을 활용했다. 우선 칼슘이온 B와 C를 얽는다. 그리고 전송할 상태를 가진 원자A를 준비한다. 그 다음 A와 B를 얽는다. A와 B의 상태를 측정하고 그 결과를 C로 보낸다. 그 결과 C의 양자 상태가 A의 것으로 변하고 A의 원래 상태는 파괴된다. 블랏과 와인랜드는 A를 C의 위치로 순간이동시킨 것이다.

원자를 얽고 전송할 수 있다면 분자 또한 얽고 전송할 수 있다. 그렇다면 바이러스가 안 될 이유는 무엇인가? 그처럼 거대한 대상을 전송하기 위해서는 수천조 개의 정보를 분석하고 보내야 하며 이 정보를 이용해 양자 상태를 수신부에 있는 같은 수의 양자 객체에 붙여 넣어야 한다는 점을 제외한다면 특별히 안 될 이유는 없다. 여기서의 양자 객체란 복제를 만들기 위해 준비해놓은 물체의 양성자와 전자와 중성자 등등을 말한다.

가상의 세계에서 가장 유명한 순간이동장치인 「스타트렉」의 장비는 승무원을 우주선으로부터 행성의 해안으로 보내기 위해 이 방법을 사용할 수 없다. 물질의 양자 상태가 아니라 물질 자체, 즉 승무원을 구성하고 있는 진짜 물질들을 보내기 때문이다. 어떤 방법을 사용하는 것일까? 주어진 설명이라고는 원자들이 (그리고 승무원의 몸을 재구성하기 위해 필요한 정보들이) 어떤 '완충장치' 속에 보관되어 있다는 것뿐이다. 이를 통해 짐작할 수 있는 것은 순간이동하려는 물체가 우주를 (또한 우주선의 선체와 행성의 대기 등의 각종 고체와 액체들을) 건너뛰기 전에 근본적으로 '비물질화'한다는 것, 즉 구성원자들이 부서져서 자유 쿼크와 전자로 변한다는 것 정도다. 이 과정 중 비물질화 과정만 구현한다 해도 큰 핵융합 폭발의 수백만 배에 해당하는 에너지가 필요하다.

인간의 순간이동은 절대 볼 수 없을지도 모른다. 그런 기계를 발명했다 한들 미치지 않고서야 그 안으로 들어갈 수 있겠는가? 하지만 금세기가 지나기 전에 얽힘이라는 희한한 현상을 이용해 미생물처럼 커다란 대상을 전송하는 것은 가능할 수도 있다. 그보다 훨씬 가까운 미래에 양자적 연결을 통해 정보를 컴퓨터 CPU의 한곳에서 다른 곳으로 순간이동시킬 수도 있을 것이다. 아인슈타인의 더디 가는 시계나 왜곡된 시공은 이것들에 비하면 구식으로 보일 것이다.

# 10

**양심**의 **가책** 없이 **먹을 수 있는** 고기제 간을 잡숴보시라고 감히 강력하게 추천하겠습니다.

지금쯤이면 기름이 좔좔 흐르고 부드러울 겁니다.

몇 개월 동안 강제 사육당했거든요.


*밀리웨이즈의 '오늘의 요리'*


**그거 좋네. 이제야 진짜 고기를 맛보겠구먼.**


*자포드 비블브록스*

잡아먹히길 바라며 그런 뜻을 분명하고 단호하게 말로 표현할 수 있는 가축은 아직까지 존재하지 않는다. 이제 영국의 타블로이드판 신문들에서 무시무시한 유전자변형(genetically modification, GM) 공포담들이 흘러나오면서 우리가 음식을 다루는 서투른 방법들에 대한 불안감이 높아가고 있다. 유기농법과 방목으로 사육된 육류가 인기를 끈다는 것은 우리가 수확량을 늘리고 비용을 절감한다는 명목하에 가축들에게 가했던 잔혹 행위들을 못마땅해 하고 있다는 표시이기도 하다. 굳이 유전자를 조작하지 않더라도 근육 양이 두 배인 소와 육질이 정상 이상으로 부드러운 양들이 있다. 칠면조들은 교미가 불가능할 정도로 기형적으로 비대해지고(덕분에 전례 없는 새로운 직업이 필요하게 됐다. 전문 칠면조 사위 도우미 말이다) 닭은 생후 몇 주 후면 성체의 몸무게에 도달한다.

지구상에서 가장 뒤떨어진 미각을 소유한 사람들의 고향인 미국은 유전자변형식품(GM food)에 대한 논쟁이 가장 적다. 미국인들은 유럽의 신문 헤드라인을 보고 이렇게 묻곤 한다. "제너럴모터스[56]에 무슨 일 생겼어?" DNA에는 손도 대지 않은 평소의 미국 음식이 얼마나 끔찍한가를 감안한다면 그리 놀랄 일도 아니다. 미국의 사과는 반짝반짝 윤이 나는 대신 솜처럼 퍼석하고, 스테이크는 맛이라고는 일절 고려하지도 않은 주제에 그 색깔만은 끔찍할 정도로 선명한 분홍빛이며, 무엇보다 공포스러운 것은 '저칼로리' 식품들이다. 인공적인 잼과 식용유, 치즈, 사탕이 슈퍼마켓 선반의 끝에서 끝까지[57] 가득 들어차 있다. 이와 같은 저칼로리 식품들은 지방 함유량이 낮은 대신 대개 당분과 염분이 훨씬 많이 들어있다. 그 결과는 오늘날 미국인들의 허리 둘레를 늘리는 데 일조하고 있다.

유럽은 상황이 다르다. 음, 글쎄, 대부분은 다르다. 영국 음식도 미국만큼 끔찍하기는 마찬가지지만 최소한 유전자도입(transgenic)에 대한 거부감은 사회 전반에 걸쳐 널리 퍼져 있다. 유럽 대륙의 상황은 훨씬 더 격렬하다. 프랑스에서는 맥도널드에 폭탄을 투척하는 등 미국 음식문화의 유입에 반대하는 실제적인 공격이 있었다. 이탈리아의 슬로푸드(slow food) 운동은 혐오스러운 대서양 건

---

**56** 제너럴모터스(General Motors)와 유전자변형(Genetic Modification)의 약자는 모두 모두 GM이다.

**57** 원문은 'from sea to shining sea.' 캐서린 리 베이츠가 작사한 「미국 찬가」(America the Beautiful)의 한 구절이다.

너의 음식뿐만 아니라 더 근본적인 것에 반대하는 움직임이다. 음식이란 본질적으로 연료이면서, 저녁식탁에 둘러앉아 먹는 대신 짐승처럼 걸어다니며 먹을 수 있는 사료나 마찬가지라는 사고방식에 반대하는 것이다. 이와 같은 유럽의 반응은 합성식품이 결국 우리를 죽일 것이라는 공포뿐 아니라 개처럼 벌어서 정승처럼 쓴다는 미국식 풍조에 대한 반발이다.

유전자변형(아직까지는 주로 과일과 채소에 머무르고 있지만)과 함께 두 음식문화의 물결은 충돌을 일으켰다. 그 결과 여기저기서 논쟁이 부글거렸고 혼돈의 바다가 펼쳐졌다. 반대 측의 주장이 어떻든 간에 유전자변형이 건강에 해롭다는 증거는 없다. 사실 비타민을 다량 함유하거나 백신을 품은 변종들이 인체에 유익할 수도 있으며 가뭄이나 고염분에서도 잘 살아남는 개량종이 필요해질 수 있다. 환경에 끼치는 영향을 고려하면 결론은 더욱 복합적이다. 최근 영국 정부가 후원한 유전자변형작물(GM crops) 연구는 다소 혼돈스러운 결과를 낳았다. 야생화와 동물계만을 놓고 보자면 어떤 농작물은 생물다양성을 장려하는 듯 보이는 반면, 어떤 것들은 오히려 감소시키는 듯하다.

반(反)유전자변형과 관련된 가장 큰 사건은 1998년에 일어났다. 망명한 헝가리 식물과학자 아르파드 푸시타이(Arpad Pusztai)는 당시 애버딘 외곽의 로웻연구소(Rowett Institute)에서 근무했다. 푸시타이는 실험용 쥐에게 아네모네의 유전자를 삽입한 감자를 먹였다. 이 쥐들이 병에 걸리자 여론이 들끓었다. 1999년 10월, 푸시타이는 이 결과를 세계에서 가장 권위 있는 의학집지 「디 랜싯」(The Lancet)에 발표했다. 푸시타이를 비난하는 사람들, 즉 유전자변형식품을 지지하는 사람들은 한데 뭉쳐 푸시타이의 논문은 심각한 통계적 오류에서 기인한 모호함으로 가득하며 결국 유전자가 변형된 채소와 건강과의 관계에 대해서는 어떤 주목할 만한 결론도 내놓지 못했노라고 언성을 높였다.

유전자변형식품에 대한 논쟁은 그 이후 지금까지 별로 달라진 것이 없다. 결국 우리가 이야기하고자 하는 것은 밀과 옥수수가 자라는 들판이다. 죽은 사람도 없고 병에 걸린 사람도 없다. 유전자변형식품을 프랑켄슈타인음식이라고 불러도 상관은 없지만 물고기의 유전자를 넣었다고 해서 딸기가 목에 나사를 박고 동네를 어슬렁거리는 것은 아니다. 진짜 프랑켄슈타인음식을 보고 싶다면 (가까운) 미래로 눈을 돌려야 할 것이다.

잡아먹히고 싶다는 욕망을 또렷하게 말로 표현하는 동물을 만드는 것은 바람직하지 못하다기보다 불가능할 것이다. 하지만 잡아먹히든 말든 신경 쓰지 않는 동물은 어떨까? 아무리 열성적인 육식동물이라 하더라도 고기를 먹는 행위는 어느 정도의 고통을 수반할 수밖에 없다는 사실을 인정할 것이다. 양계장의 암탉에서부터 푸아그라(foie gras)에 이르기까지, 그 최종 결과물은 맛있을지 몰라도 우리의 불쌍한 동물들은 생산과정 어느 단계에서 괴로운 한때를 보내야 할 것이다. 이 고통을 없앨 수 있을까? 양심에 조금의 가책도 없이 고기를 먹는 것이 가능할까?

적어도 한 사람은 그리 생각하는 것 같다. 모리스 벤저민슨

(Morris Benjaminson)은 NASA의 후원을 등에 업고 실험실에서 고기를 배양하는 연구에 매진해왔다. 이 연구의 핵심은 원거리에서 장기간 근무해야 하는 우주인들에게 맛 좋고 영양 많은 음식을 공급할 방법을 찾는 것이다. 닭고기와 생선을 우주선 안에 보관하기 위해 수많은 시간과 공간과 노력을 들이지 않고도 말이다. 벤저민슨은 이렇게 말한다. "더러운 물, 벌레가 꾀고 딱딱한 빵, 썩은 고기 등은 항해 역사의 초기에서 흔히 볼 수 있는 폭동과 충돌을 더욱 심하게 만들었다. 하지만 우주시대에는 이런 불편을 겪지 않아도 된다."

오늘날의 우주인들은 썩은 고기는 물론이거니와 딱딱한 빵도 억지로 먹을 필요가 없다. 대신 식단은 아주 단조로울 것이다. 다른 문제점도 많지만, 우주에서 장기간 체류하다보면 미뢰(味蕾)가 엄청난 악영향을 받는다. 어느 정도인고 하니 안 그래도 김빠진 음식에서 몇 주 묵은 밀가루 같은 맛이 나는 것이다. 러시아인들은 이 문제를 해결하기 위해 엄청난 양의 칠리와 마늘을 이용해 음식의 맛을 돋우는 방법을 택했다. 오죽했으면 미르우주정거장을 방문하는 신참내기 우주인들이 음식을 보고는 사람이 먹을 것이 못 된다고 투덜거리며 감압실 문을 열자마자 풍겨오는 냄새 때문에 도로 돌아가고 싶었다고 불평을 하겠는가. 화성에 가거나 그보다 더 멀리 간다면 상황은 더욱 심각하다. 보급선은 오지 않는다. 그러니 모든 음식을 지구에서 가져가거나 우주선 안에서 키워야 한다. 물론 우주인들은 완벽한 채식만으로도 건강하게 살아남을 수 있으며 지구상에서도 그렇게 살아가는 사람들이 많이 있다. 하지만 9개월 동안 양철깡통 속에 가둬놓는 것도 모자라서 사료용

콩만 먹고 지내라고 한다면 그보다 괴로운 일도 드물 것이다.

지금까지 성공적인 결과를 보인 것은 인공육 연구 정도다. 벤저민슨의 동료들 중 뉴욕에 자리 잡은 연구진들은 (갓 잡은) 연어의 살점을 떼어내어 배양액에 넣고 1인치 정도 굵기의 작은 생선토막으로 키우는 데에 성공했다. 같은 방법을 닭 '고기'에 적용한 결과 14%의 성장률을 보였다. 이 '고기'들은 새로 분열하는 세포들이 혈관에 의해 양분을 공급받기에는 너무 멀어지는 시점에 도달해서야 성장을 멈췄다(그리고 썩기 시작했다). 연구진들은 이 결과물을 세척한 다음 올리브유와 갈릭레몬, 버터에 살짝 담그고 나서 익혔다. 그리고 다른 부서의 동료 앞에 내놓았다. 냄새와 모양새는 생선과 비슷했다. 하지만 (연구진들의 주장에 따르면) 건강과 안전이 우선이기 때문에 맛까지 생선과 같은지는 확인할 수 없었다. 그래도 이 정도면 꽤 훌륭한 출발이다.

허기진 우주인이 만족할 만큼 큰 고깃덩어리를 배양하기 위해서는 근육뿐 아니라 혈관도 키워야 한다. 현재는 전기를 이용해 모세혈관에 자극을 주는 실험이 진행 중이다.

사우스캐롤라이나대학교의 조직공학자인 블라디미르 미로노프(Vladimir Mironov)는 고질적인 혈관 문제를 해결하고 인공적으로 근섬유조직을 배양하기 위한 대안을 제시한다. 미로노프에 따르면 비결정질덩어리 속에서 동물성 단백질을 키운 다음 이 단백질 껍질을 가공해 인공육을 만드는 것이 훨씬 쉽다. 치킨너깃을 떠올리면 될 것이다. 미로노프는 배양이 가장 용이한 음식은 생선이지만 "닭고기도 쓸 만하다"고 말한다. 미로노프는 제빵기처럼 하룻밤 만에 신선한 소시지를 배양하고 요리할 수 있는 기계를 만들고 싫어 한다.

　시험관 속에서 스테이크를 배양하는 것은 무척 어려운 일이다. 조직을 복제해서 진짜 스테이크의 맛을 내는 것은 고사하고 단백질을 구하는 것이 급선무다. 예를 들어보자. 우리가 닭다리튀김을 먹으면서 씹는 수천 가닥의 탄력 좋은 근섬유는 원래 닭의 다리를 움직이게 해주던 것들이다. 동물은 야생에서 자랄수록 운동량이 많으며 그럴수록 고기맛도 좋아진다. 방목한 닭의 고기는 진짜 닭고기맛이고 양계장에서 키운 닭은 플라스틱맛이 나는 것은 이 때문이다. 마찬가지로 기계적으로 재구성한 치킨너깃은 하숫물맛이 난다. 진짜 고기의 맛을 고스란히 느끼면서도 잔혹함을 모면할 길은 없을까?

　이제 우리는 SF의 영역으로 들어섰다. 언젠가는 특정 가축의 품종을 유전공학석으로 개량해서 고기는 생산하되 사육기간과 도살 과정 동안 고통이나 스트레스나 불안을 느끼지 않도록 할 수 있을지도 모른다. 그러기 위해서는 뇌가 없거나 적어도 지각이나 통각 등을 담당하는 뇌조직이 없는 동물을 효과적으로 만들어낼 수 있어야 한다. 유전공학이 발생학 수준을 넘어서 고통과 기억까지 조작할 수 있게 되면 움직이고 먹고 배설하면서도 외부세계나 스스로의 존재를 의식적으로 지각할 수 없는 동물을 만드는 일도 가능할 것이다. 운동능력과 배고픔 등을 담당하는 뇌의 원시적인 근간만 남겨두고 지각능력 등은 전혀 없는 가축을 사육해야 한다고 주장하는 사람들도 있다. 여기서 윤리적인 문제가 등장한다. 고통을 느낄 수 없는 생물을 물리적으로 학대하는 것은 비도덕적인 일일까? 그렇다면 그 한계는 어디까지일까? 벤저민슨이 연어 살을 배양했던 방법을 살아 있는 연어에게 적용하지 못할 이유는 없을 것이다. 숨 쉬고 움직이고 자라기는 하지만 감각을 느끼지 못하도록 개조한 포유류나 조류에게서 단백질을 무한정 공급받는 것이다. 비위가 상하는 얘기일지 모르겠으나 오늘날 목장에서 닭이나 칠면조를 사육하는 것을 표현할 방법 또한 사실 이것뿐이다.

현재 전 세계 인구는 65억 명 정도다. 이는 꾸준히 증가하다가 80억 명 정도 선에서 멈출 것이다. 먹여살려야 할 입이 그만큼 많은 것이다. 가축을 키우기 위해서는 많은 에너지와 토지가 필요하다. 채식주의자들이 인류의 육식을 완전히 금해야 한다면서 내세우는 주요 논지 중 하나가 이것이기도 하다. 하지만 많은 사람들, 즉 수십억의 사람과 태아들이 고기를 먹고 싶어 할 거라고 가정해도 큰 무리는 없을 것이다. 30년 전 제3세계의 농부들이 쌀과 같은 주식용 곡물의 새 변종을 이용해서 수확량을 엄청나게 늘렸을 때 우리는 그것을 '녹색혁명'(green revolution)이라고 불렀다.

효율성을 위해 유전적으로 변형된 동물들이 기존의 전통적인 품종을 밀어내는 때가 오면(이 전통 품종들도 대부분 수세기에 걸친 선택적 교배의 결과물이지만) '적색혁명'(red revolution)이 도래할 수도 있다. 구역질은 논외로 하자. '프랑켄슈타인물고기', 즉 자연적인 친척들보다 10배 정도 크게 자라도록 유전자를 조작한 연어는 이미 존재한다. 동물의 DNA를 만지작 거려본 결과 생산량을 늘리는 것보다 더한 일도 가능하다는 것이 증명되었다. 예를 들어 젖소의 우유에 약학적 효과가 있는 화학물이 포함되도록 할 수 있다. (개인적으로 보기에) 가장 별난 것은 캐나다의 주식회사인 넥시아생명공학(Nexia Biotechnologies Inc.)의 기발한 착상이다. 이 회사는 거미의 유전자를 (하고 많은 것 중에서도) 염소의 DNA에 섞어서 젖통에서 튼튼한 명주실(제품의 이름은 '바이오스틸'(BioSteel®이다)을 뽑아내겠다는 아이디어를 내놓았다. 그 결과 생물학 역사상 가장 희한한 신조어가 탄생했으니 '형질변환 염소공학'이 그것이다. 이 모든 것은 우리가 저녁밥상과 잔혹함의 관계에 대해서 고민하기 이전에 벌어진 일이다.

아무리 열광적인 육식주의자라도 의식이 있는 동물을 쐈죽이고 조각조각 잘라서 엉덩잇살을 먹는 행위에 무언가 본질적으로 편치 않은 구석이 있다는 사실은 인정할 것이다. 우리들 대부분은 이 사실을 알면서도 어깨를 한 번 들썩이고는 지나간다. 동물들은 지구상에 모습을 처음 보인 이래 끊임없이 서로 죽이고 잡아먹었다. 하지만 실험실에서 만든 스테이크라고? 게다가 말도 '못' 한다고'! 차라리 신의 저주를 받은 샐러드가 더 나을 것이다.

# //
## 전체를 조망하는 소용돌이

우주여, 무한하고 광대한 우주여. 무한한 태양과 그 사이에 자리한

무한한 공간이여. 그 속에서 당신은 보이지 않는 점 하나,

그 점 속의 보이지 않는 점 하나, 한없이 작은 점 하나.

*피즈팟 가그레이바*

'전체를 조망하는 소용돌이'는 전 우주에서 가장 잔혹한 장치다. 하지만 이름만 들어서는 그 점을 느끼기 어렵다. 물고문과 마찬가지로 집게나 전기, 인두나 팔다리를 잡아늘이는 고문대보다는 덜 잔인하게 들린다.

그러나 아무리 위에서 열거한 중세 기술의 열광적인 팬이라 하더라도 '소용돌이'를 한 번 겪어보고 나면 금요일 오후의 북부순환도로보다도 끔찍한 지옥의 정수라고 생각하게 될 것이다. 교통체증에 시달리다보면 살기 싫어지기도 한다. 그러나 '소용돌이' 고문을 당하고 나면 영혼이 산산조각 날 것이며 태어나지 말았으면 하는 생각이 들고 우주가 존재한다는 것을 원망하게 될 것이다.

원리는 간단하다. 우주에 존재하는 모든 것들은 크든 작든 다른 것, 다른 힘, 다른 사건의 영향을 받는다. 따라서 원칙적으로는 작

고 맛있는 케이크 한 조각으로부터 우주 전체를 추론할 수 있다. 『히치하이커』에 따르면 이처럼 초현실적이고, 나중에 밝혀진 바대로 한없이 정신병자다운 생각을 맨 처음 제시한 사내, 또는 (이 사람의 종족은 밝혀지지 않았으므로) 인물은 트린 트라굴라다. 트라굴라는 부인에게 질려 있었다.

트라굴라는 몽상가이며 사상가이고 사변적인 철학자다. 트라굴라의 부인은 이를 싸잡아서 얼간이로 여겼다. 그리고 하루에 서른여덟 번씩 균형감각 좀 가지고 살라고 잔소리를 했다. 그래서 트라굴라는 '전체를 조망하는 소용돌이'를 만들었다. 이 기계는 작은 물체 한 조각을 통해 존재하는 모든 힘과 모든 입지의 움직임과 의도를 알아내어 합한 다음 그로부터 전 우주와 그 안의 모든 것들을 유추하고 끌어내는 장치다. 이 경우 작은 물체란 다름 아닌 케이크 한 조각이다. 트라굴라는 기계를 부인에게 연결했다. 트라굴라가 스위치를 켜자 부인은 삼라만상의 전체적인 거대함과 마주했고 (이 부분이 가장 중요한데) 그 속에서 자신의 위치가 어떤가를 알았다. 부인은 끔찍한 비명을 질렀고 부인의 영혼은 튀겨졌다. 그야말로 궁극적인 형벌이었다.

자포드 비블브록스도 이와 같은 운명을 맞이할 예정이었다. 하지만 다행스럽게도 비블브록스에게는 온 우주를 창조할 만한 힘을 가진 우군이 있었다. 그래서 삼라만상의 거대함과 (그리고 그 속에서의 자신의 위치와) 마주했을 때 비블브록스가 깨달은 것은 그동안 스스로를 너무 과대평가하고 있었다는 점 정도였다.

이제 우리는 우리 몸속의 원자 하나하나가 수백만 광년 떨어진 물체들과도 얽히거나 또는 얽힐 수 있다는 사실을 알고 있다. 따지고 보면 우주는 원래 아주 작았으며 그 속에 들어 있던 모든 물체들도 꼬투리 속의 콩처럼 한데 뭉쳐 있었다. 만물은 서로 연결되어 있을지도 모른다. '다중우주' 신봉자인 미치오 가쿠는 이를 가리켜 "우주양자망"(cosmic quantum web)이라고 부른다.

그럼에도 불구하고 '소용돌이'를 제작하는 것은 그리 만만치 않은 일일 것이다. 우주에 존재하는 모든 단일 개체와 힘, 사건이 의심할 여지없이 다른 개체와 힘, 사건과 상호 연관되어 있다 하더라도 그 일부에서 전체를 유추하는 것은 불가능할지도 모른다.

양자역학의 난해한 특성을 예로 들어보자. 하이젠베르크의 불확정성원리에 따르면 상상할 수 있는 한 가장 정밀한 장치를 사용한다 해도 양자계의 모든 것을 동시에, 완전한 정밀도로 관측하는 것은 불가능하다. 하이젠베르크는 전자 하나의 위치만 놓고 봐도 한없는 불확실성이 존재한다고 지적했다. 하지만 이것은 전자가 공간을 자유롭게 운동할 때의 이야기다. 전자가 어떤 상자에 갇혀 있다면 그 위치를 훨씬 더 정확히 알 수 있을 것이다. 전자가 어디에 있는지 아는 이상 그로부터 유용한 정보들을 얻을 수도 있을 것이다. 그렇지 않은가?

그렇지 않다. 하이젠베르크에 의하면 만약 우리가 전자를 기술하는 고도로 집중된 위치파동함수(position wave function)를 얻을 경우(쉽게 말해서 전자가 어디 있는지 알 경우) 동시에 운동량파동함수(momentum wave function)가 발산한다. 즉 특정 전자의 속도와 운동량은 항상 일정 정도 이상으로 불확실하다. 이 골칫덩어리를 묶어놓는다 해도 무슨 일을 저지를지 모르는 것이다. 진지를 비롯해 다른 아원자입자들의 정확한 위치와 속도를 동시에 아는 것은 불가능하다. 이 원리에 따라 케이크 한 조각에서 만물을 추론하는 기계를 만드는 길은 원칙적으로 차단된다. 물론 이런 한계를 우회할 방법이 있을지도 모른다. 위와 같은 양자적 불명료함은 '소용돌이'뿐만 아니라 순간이동장치도 두들겨놓았지만(9장을 참조하자) 그럼에도 불구하고 과학자들은 꽤나 훌륭한 해결책을 찾아냈다.

'전체를 조망하는 소용돌이'를 만드는 일은 어렵겠지만 자포드 비블브록스가 자신의 영혼을 고스란히 간직한 채 빠져나올 수 있었던 탈출구는 비교적 손쉽게 얻을 수 있을지도 모른다.

몇 년 전 「뉴사이언티스트」에 흥미로운 이론이 소개된.적이 있다. 이 이론은 2장에서 본 바 있는 플라네타리움가설의 변종으로, 통계적으로 볼 때 우리가 살고 있는 세상이 컴퓨터에 의한 가상우주라는 결론을 피할 수 없다는 것이다. 자포드 비블브록스가 자니우프의 사무실을 떠나면서 기어들어갔던 것과 같은 그런 우주 말이다. 영화 「매트릭스」의 이름을 따서 이 이론을 매트릭스이론이라고 부를 수도 있을 것이다. 「매트릭스」의 전제는 이렇다. 때는 미래. 컴퓨터공학자들은 매트릭스라는 이름의 기계를 만든다. 매트릭스는 매우 강력해서 그 처리기 안에서 인간의 전자적 화신과 함께 세계 전체를 구현할 수 있다. 매트릭스의 세계와 그 속에 거주하는 인류의 육체는 기계가 상상한 허구에 지나지 않는다.

예일대학교의 닉 보스트롬(Nick Bostrom)은 우리가 만든 기계가 이런 능력을 얻는 날이 언젠가는 반드시 오리라고 생각한다. 또한 우리도 그와 같은 가상우주를 만들기 위해 노력을 거듭한 끝에 결국 성공하고 말리라는 것이다. 가장 중요한 것은 우리의 후손들이 이와 같은 가상우주를 한 번 만드는 데 그치지 않을 거라는 점이다. 보스트롬은 이렇게 말한다. 주변을 둘러보자. 우주가 있다. 만물이 보이는 그대로라면 언젠가는 우주의 유사품을 무한정 만들 수 있을 것이다. 하지만, 정말로 만물이 보이는 그대로일 가능성은 얼마나 될까? 무척 낮다. 따라서 우리가 보스트롬이 "본래의 역사"라고 부르는 진짜배기의 원본 우주에 살고 있을 가능성보다는 무한한 유사품 중 하나에 살고 있을 가능성이 훨씬 높다. 우리는 영화 「매트릭스」와 마찬가지로 전자적 화신에 불과하다. 헛소리처럼 들리는 얘기다. 아마도 헛소리일 것이다. 하지만 흥미로운 이야기이기도 하다.

매트릭스이론은 의식을 가진 컴퓨터, 또는 최소한 우리가 정의하는 의식을 완전히 흉내낼 수 있는 컴퓨터를 제작 가능하다는 전제하에 세워진 것이다. 많은 컴퓨터 전문가들은 현재의 가장 우수한 컴퓨터가 계산능력에서는 발군이지만 의식이라는 면에서는 돌멩이보다 못한 사실을 지적하면서 그와 같은 기계의 제작에 회의적인 시각을 보인다. 보스트롬은 진정한 기계지능이 구현하기에 그리 어려운 것은 아니라고 반박한다. 피츠버그의 카네기멜론대학교에서 재직하는 한스 모라벡(Hans Moravec)은 이상을 좇는 로봇공학자다. 모라벡은 컴퓨터가 마음을 흉내내기 위해서는 얼마나 빨리 작동해야 하는지 대략적으로 계산했다. 답은 1초당 약 $10^{14}$개의 연산을 수행해야 한다는 것이다. 현재 시점에서 IBM의 최고 성능 컴퓨터라 해도 이 속도의 10분의 1에 불과하다. 하지만 무어의 법칙을 기억해보자. 모라벡이 제시한 수준에 도달하기 위해서는 4주기, 즉 6년 정도만 지나면 된다. 의식이란 무엇인가 하는 문제를 풀고 이를 기계로 구현하는 방법을 알아냈다고 가정한다면 의식을 구현할 수 있는 컴퓨터가 등장하는 것은 2010년대 중반이 될 것이다.

보스트롬에 의하면 그 후부터는 순조롭다. 우주를 정말로 완벽하게 흉내낼 필요는 없다. 그 안에 사는 '거주인'들을 속일 만큼만 구현하면 된다. 모든 세부적인 사항을 다 준비해야 할 필요도 없다. 예를 들어 누군가가 멀리 있는 '천체'를 들여다보기로 마음먹었다면 그때 가서 필요한 물리적 특성을 채워 넣으면 되는 것이다.

이 아이디어는 마음 한구석을 불편하게 만든다. 우리의 만들어진 의식이 진의도 도덕성도 알 수 없는 존재의 손에 달려 있다는 뜻이기 때문이다. 어쩌면 그 존재들은 괴롭히기 위해서 우리를 만들었을지도 모른다. 매트릭스세계에서 살아남는 가장 좋은 방법은 어떤 식으로든 굴복하지 않는 것이다. 만약 우리와 이 모든 세상이 컴퓨터게임 '심즈'(The Sims)의 거대한 확장이라면 우리의 존재목적은 주인을 즐겁게 해주는 것일 수도 있다. 매력을 갖고 극적으로 살라. 독재자나 연예인이나 공주처럼 말이다.

이야말로 편집증적 망상의 극치다. 사물의 실체는 눈에 보이는 것과 다를 뿐 아니라 그보다 더욱, 훨씬 나쁘다. 모든 것은 환상이며 실체란 없다. 간단히 말해 전부 사기다. 물론 가설이란 증명 가능할 때에나 제값을 하는 것이다. 조금 놀라운 일이지만 매트릭스이론을 증명하는 것이 그렇게 불가능해 보이지만은 않는다.

보스트롬은 만약 우주가 시뮬레이션이라면 프로그래머가 실수한 구석을 찾아낼 수 있을 것이라고 말한다. 현실판 '매트릭스의 어긋남' 말이다. 영화 「트루먼쇼」(The Truman Show)는 본질적으로 기술 수준이 낮은 우주 시뮬레이션을 다루고 있다. 즉 도시 크기의 촬영장을 무대로 한 영화다. 우리의 주인공은 수상한 점을 깨닫고 자신의 가설을 증명해보기로 결심한다. 평상시와 다른 곳으로 미친 듯이 돌아다니자 친숙하던 마을 사람들이 혼란에 빠져 어쩔 줄을 모른다. 만약 우리 우주가 가상이라면 이와 같은 모순이 존재할 가능성이 있다. 어디를 뒤져보면 좋을까? 극미세 단위의 세계에서 특이한 불규칙성을 찾아볼 수도 있을 것이다. 우주를 시뮬레이션하는 컴퓨터가 완벽하게 구현하기 가장 어려운 곳일 수 있으니 말이다. 불규칙성은 두렵게도 눈에 보이는 곳에 존재한다. 초거대 규모의 세계에서 물리학은 정확히 들어맞지 않는다. 예를 들어 양자역학과 상대성이론의 통합은 불가능하다는 것이 증명된 상태다. 물리학은 '통일장이론'을 완성하기 위해 부단히 노력하지만 아직 성공하지 못했다. 만약 우리가 환상 속에 살고 있다면 우리 모두가 그 사실을 깨닫는 순간 주인은 재시작 버튼을 누르고 새 게임을 시작할지도 모른다.

끔찍한 생각이다. 아마도 완벽한 헛소리에 불과할 것이다. 하지만 우리가 매트릭스우주에 살고 있을 가능성이 눈곱만큼이라도 있다면 이를 너무 진지하게 고민한 나머지 불면의 밤을 보내기에 충분할 것이다. 상식적인 조언을 하나 하겠다. 고민하지 마라. 만약 그럴 수밖에 없다면 자포드 비블브룩스가 깨달은 바와 같이 이 모든 가상세계가 당신 자신의 흥미를 위해서, 그도 아니면 생존을 위해서 만들어졌기를 바라야 할 것이다.

# 12

## 평행세계

옛날식으로 말하자면 「은하수를 여행하는 히치하이커를 위한 안내서」는 평행우주라는 주제를 엄청나게 많이 다루고 있다. 하지만 이 중에서 진보적인 신의 수준에 도달하지 못한 사람이 이해할 만한 내용은 거의 없다. 우리가 알고 있는 신들이 자신들의 주장대로 창세의 일주일 전이 아니라 그 후 300만분의 1초 후에 태어났다는 것은 익히 알려져 있다. 사실 신들은 그것만으로도 설명해야 할 것이 엄청나게 많기 때문에 이 시대의 심도 깊은 물리학에 대해서는 의견을 표명할 여유가 없다.

*거의 무해함*

저도지방에 가보자. 또는 여의치 않을 경우 열대지방으로 가보자. 그것도 힘들다면 마을이나 도시나 기찻길이나 차도에서 아주아주 멀리 떨어진 곳으로 가보자. 추운 지방이라도 하늘만 맑으면 된다. 밤까지 기다리자. 그리고 위를 올려다보자. 밤하늘의 장관이 펼쳐질 것이다. 하늘을 가로지르는 거대한 은빛 띠는 은하수란 것으로 우리 은하계의 중심 원반부이다. 눈으로 식별 가능한 별만 해도 1만 개쯤 되고 나머지 셀 수 없는 수조 개의 별들은 너무 멀리 떨어져 있거나 먼지와 가스에 가려 뿌연 빛으로만 보일 것이다. 그냥 보기에도 경이롭지만 그 참모습을 알고 나면 더욱 경이로울 것이다.

사람들은 몇 세기 전만 해도 그 빛의 점들을 창공에 난 구멍이라고 생각했다. 이 구멍들은 우리의 머리 위 수만 킬로미터에 존재하는 창문이며 그 너머로 보이는 것은 천국이라고 여겼다. 얼마나 단순한 생각인가! 얼마나 근시안적인 생각인가! 하지만 이제는 그 정체가 수십억에서 수조 킬로미터 떨어진 별의 용광로와 은하계들이라는 것을 알고 있다. 이제 망원경을 통해서, 또는 아프리카에서 볼 수 있는 밤하늘의 경이로움이 실은 옆집을 흘낏 보는 것처럼 삼라만상의 진정한 광대함을 극히 일부만 본 것에 지나지 않는다고 상상해보자.

우주는 상상할 수 있는 것보다 더 크기만 한 것이 아니라 실제로는 그보다 더욱 광대할지도 모른다. 너무 크고 너무 거대하며 너무나 복잡해서 수조 개를 넘어 무한한 수의 다른 현실을 내포하고 있는지도 모르는 것이다. 자, 평행우주의 존재 가능성과 존재 확률의 세계로 들어가보자.

평행우주가 실재일 수 있으며 바보 같은 SF의 이야기 구성장치에 불과한 것이 아니라는 사실은 지난 수백 년 동안 출현한 사실들 중에서 가장 놀라운 것이다. 이 이론을 제대로 이해하기 위해서는 지구상에서 가장 난해한 수학을 알아야 한다. 또한 양자이론에 근거를 두고 있기 때문에 평범한 사람들이 이 이론을 정확히 파악한다는 것은 거의 불가능에 가깝다. 그럼에도 불구하고 이론의 기본은 아주 간단하며 실제로도 널리 알려져 있다. 사실 또 다른 세계가 존재한다는 생각은 신화·종교·전설과 흥미 본위의 소설 속에 너무나 확고하게 뿌리내리고 있다. 따라서 물리학자와 수학자들이 평행우주가 존재할 수도 있다고 발표했다는 것은 CERN이나 브룩헤이븐(Brookhaven)의 과학자들이 바늘 끝에 모여 있는 천사의 수를 세기 위해 입자가속기를 사용했다는 것과 마찬가지다.

영국왕립천문학회의 마틴 리스 경(Sir Martin Rees)은—리스는 또 다른 현실에 대한 언급 때문에 주목받고 있다—이런 사실을 다음과 같이 표현한다.

어떤 이들은 다른 우주, 즉 관측할 수 없는(실제로는 물론이고 원리적으로도) 우주와 시간의 구역을 다루는 것은 물리학이 아니라 형이상학이라고 말한다. 하지만 나는 '다른 우주가 존재하는가?'란 질문이 순수하게 과학적이라고 주장한다.

『히치하이커』 시리즈는 평행우주를 잘 활용한다. 예를 들어 우리의 불쌍한 아서 덴트는 자신이 '우주 구역 ZZ9 다중 Z 알파'[58] 출신이라는 이유로 온갖 불행한 일들을 당했다는 사실을 깨닫는다. 보곤인들은 아서가 사랑하는 고향 행성을 파괴했고 아서가 흠모하던 여인은 평행우주의 무한한 흐름에 휩쓸려 끝없는 분기를 생성하며 멀어져갔다. 『히치하이커』의 고리타분한 새 편집장 반할은 포드 프리펙트에게 이렇게 얘기한다. "다차원적으로 생각하는 법을 배우라니까."

다차원적으로 생각하려면 단어의 의미부터 새로 배워야 한다. '우주'는 '존재하는 모든 것'이다. 다른 '현실들'이라 함은 우리 것과는 다른 빅뱅이나 차원에서 유래한 평행세계를 뜻한다. 따라서

---

**58** 『히치하이커』의 우주에서 지구가 속한 구역의 이름이다.

'현실들'은 문자 그대로 우리 '우주'의 일부다. '온갖 종류의 잡동사니'란 말은 많은 물리학자들이 우리의 이해 영역을 넘어선(관측 가능한 직경 270억 광년의 우주를 충분히 이해할 수 있다 하더라도) 곳에 다른 공간, 다른 시간, 그리고 우리가 알고 있는 지역적 우주·별·은하와 다른 천체들이 있지 않을까 의심하고 있다는 사실을 잘 표현한다. 아무튼 지금까지 '우리 우주'라고 불렸던 것을 표현할 다른 말이 필요하다. 이를테면 리스 경이 제안한 것처럼 "메타은하"(metagalaxy)[59]란 말을 사용할 수 있을 것이다—은하수 너머에 다른 은하들이 있다는 사실이 처음 밝혀진 것은 1920년대였다. 옛 용어인 '섬우주'(island universe)는 원래 이처럼 작은 단위를 표현하는 말이었다. 새로운 사실이 끝없이 밝혀지면 바로 이런 점이 불편하다. 옛 대상들을 표현할 다른 말을 찾아야 하는 것이다.—하지만 리스가 지적하듯 더 크고 광활한 구역이 존재한다는 사실이 밝혀지기 전까지는 친숙한 옛 용어 '우주'를 그대로 두고 우리가 알고 있는 것에 덧붙여 모든 것을 묘사할 새로운 단어를 만드는 편이 좋을 것이다. 이 시점까지는 '다중우주'(리스가 우주들의 다중성 전체를 표현하기 위해 새로 만든 용어이다)라는 말이 널리 통용되고 있다.

모두는 아니지만 역사를 지닌 많은 사회가 손에 잡히는 현실세계의 모퉁이를 돌면 바로 그곳에 또 다른 세계가 있다는 신화를 지니고 있다. 전(前)기술사회에서 흔히 볼 수 있는 마술적·물활론

---

**59** 존재하는 모든 물질과 모든 은하의 총합. 또는 다른 평행우주에 대한 '우리' 우주를 가리킨다.

적(物活論的) 종교들은 선조들의 유령이 동물·식물·암석·바람·비의 영혼과 뒤섞이는 장소, 즉 영혼의 세계에 몰두하는 경향이 있다. 모든 종교에 있어서 기도·무아지경·마술 또는 천연환각제를 통해서만 접근 가능한 다른 세계가 존재한다는 생각은 내세나 신성(神性)에 대한 믿음보다도 훨씬 보편적인 것으로 보인다(도덕의 실체를 강력하게 통감하면서부터 종교를 만들게 되었다는 주장은 자주 인용되지만 틀린 것 같다). 더 체계를 갖춘 종교의 경우 다른 세계란 더 구체적이 된다. 옛 노르웨이의 신들은 아마도 실제로 그럴 것 같진 않지만 노르웨이의 산맥에 위치한 발할라(Valhalla)에 살았다. 물론 그리스의 신들은 올림포스산에 살았다. 고대 그리스인들은 올림포스산을 오르면(양모나 고가의 첨단 등산화가 없더라도 그리 힘든 일은 아니다) 제우스·아테나·아폴로를 비롯해 수다를 떨며 인간의 운명에 일일이 간섭하는 신들을 정말로 만날 수 있다고 생각했을까? 그렇지 않을 것이다. 신들을 올림포스산에 몰아놓은 것은 그 산이 높고 적당히 떨어져 있으며 정말로 거기에 가서 신을 만나보자고 진지하게 생각하는 사람이 없었기 때문이다. 정원의 땅속에 사는 요정 등의 신성한 존재를 진짜로 진지하게 찾아다니면 얻는 것은 결국…… 먼지부스러기 정도일 것이다.

그렇다고 해서 사람들이 이런 것들을 더 이상 진지하게 여기지 않는다고 생각하면 오산이다. 예를 들어 아이슬란드에는 진짜 아이슬란드와 겹쳐 있으면서 꼬마 요정(elf)이 살고 있는 신비로운 메타아이슬란드가 존재한다는 열렬한 믿음이 있다. 따라서 아이슬란드의 현대 민간전승을 논할 때는 항상 소심해야 한다. 어린 애기들은 보통 현대식 아이슬란드 술집에서 놀랄 만큼 비싼 술을 잔뜩 소비한 다음에나 나오는 말이지만 그럼에도 불구하고 꼬마 요정의 존재에 대해서는 일반적으로 의견 일치를 보이기 때문이다.

작가들은 평행우주를 사랑한다. 평행우주는 이야기 구성에 있어서 엄청나게 유용한 장치이다. 도덕, 물리법칙, 사랑 등을 완전히 새로 만드는 대신 킹스크로스역의 요상한 플랫폼에서 기차를 타는 편이 훨씬 간단하다. 아동문학에서 가장 유명한 장면들은 아마도 주인공이 한판 승부로 일상을 지배하는 어른들의 독재를 물리치고 구속을 벗어나 자유를 누리는 구절들 것이다. 희한하게도 옷장을 통해 출입할 수 있는 나니아의 세계[60]를 떠올려보자. 나니아에는 바로크풍의 성과 이국적인 마법사들과 매혹적인 여왕들이 가득하다. 그곳의 시간은 현실세계와 다르게 흐른다. 아이들은 나니아에서 수년을 보내고 돌아오지만 지구의 시간은 전혀 흐르지 않는다.

에니드 블리턴(Enid Blyton)은 융통성 없는 도덕성과 정치적인 편견, 그리고 심하게 단순한 어휘 구사 때문에 비난을 받기도 했지만, 개인적으로 블리턴의 작품 중 최고는 『먼 옛날의 나무』(The Faraway Tree) 시리즈라고 생각한다. 이 나무는 크고 오래됐을 뿐 아니라 속이 텅 비어 있어 난쟁이(dwarf)들의 집인 동시에 그 아래에는 보석광산이 있다. 나무꼭대기에는 가장 경이로운 것이 있으니, 바로 다른 우주로 가는 입구다. 일련의 이상한 세계들이 거대

--------

**60** C. S. 루이스가 쓴 아동용 판타지 시리즈 '나니아 연대기'의 배경이 되는 세계. '나니아 연대기'는 총 7권으로 구성된 작품이다.

한 회전목마처럼 돌며 가장 높은 나뭇가지에서 뻗어 있는 사다리 옆을 스쳐 지나간다. (냄비를 팔며 쾌활하게 생활하는) 문페이스와 친구들은 이곳을 통해 현실과 다른 기묘한 세계로 이동한다. 물론 허황된 이야기들이 펼쳐진다. 죽는 사람은 없다(또는 최소한 미약한 불쾌감도 없다). 그리고 모든 인물들은 차 마시는 시간에 맞춰 집으로 돌아온다.

아마도 세계에서 가장 유명한 평행우주는 옥스퍼드의 수학자 찰스 도슨(Charles Dodgson)이 1865년에 생각해낸 것일 것이다. 주인공 소녀는 웜홀처럼 생긴 지하 입구를 통해 대체로 다른 물리법칙이 적용되는 세계로 들어선다. 조끼를 입은 토끼가 지성을 가지고 말을 하며 모자 상인은 독심술을 하고 고양이는 자취를 감춘다. 필명인 루이스 캐롤로 더욱 유명한 도슨은 물론 40년 후 아인슈타인에 의해 벌어질 혁명에 대해서는 알지 못했다. 하지만 도슨은 '다중으로 연결된 공간'을 이해할 만큼의 기하학적 지식은 있었다. 다행히도 앨리스의 '웜홀'은 오랫동안 열려 있었기 때문에 앨리스가 특이점에서 붕괴하는 일은 없었다.

『히치하이커』에서는 보곤인이 지구를 파괴한 다음 쥐의 주문을 받은 마그라스인들이 그 대체품을 만들어낸다. 후에 아서 덴트는 멸망 뒤의 지구에 도착한다. 이 지구는 쥐들이 주문한 새 지구일까? 아니다. 궁극적인 해답과 궁극적인 질문이 같은 우주에 존재할 수 없다는 것을 깨달은 쥐들은 전체 프로젝트의 전원을 꺼버리고 철학의 세계로 돌아갔다. 모든 사람들에게, 특히 철학자들에게는 다행스럽게도 말이다. 지구는 시공이 극단적으로 불안정하며 무슨 일이든지 발생할 수 있는 ZZ9 다중 Z 알파 구역에 위치한다.

아서는 자신의 잃어버린 인생을 (그리고 사라진 연인 펜처치[61]를) 찾는 여행을 시작하면서 우리 지구의 평행체가 다수 존재한다는 사실을 알게 된다. 똑같은 좌표로 반복해서 여행했건만 지구와 큰 차이를 보이는 장소에 도착하는 것이다. 대부분의 경우 결과는 불쾌하다. 특히 우리 지구의 맥 빠진 버전인 '어쩌라구' 행성에 도착해서 보그혹[62]으로 위장하고 있던 아그라작[63]에게 다리를 물릴 뻔한 것은 최악이다(아그라작은 우주가 자신의 미래를 결정해주기를 바라면서 그 결과만 날로 먹으려고 했던 사람이다). 아서를 무한히 괴롭히던 평행우주는 후일 다시 한 번 등장한다. 아서는 들어본 적도 없는 딸과 대면한다. 아서의 딸은 다중지역의 이상한 세계에서는 모친이 둘일 수도 있음을 알게 된다. 파티에서 자포드와 만나 함께 떠난 모친은 우주 연예계의 대스타가 되고 그러지 않았던 모친은 뉴욕에서 살기 위해 노력한 결과 완전히 다른 삶을 산다.

앞서 말한 아이슬란드의 꼬마 요정, 발할라, 펜처치의 실종 등등은 모두 허구의 영역에 국한된 일이다. 그렇다면 바로 옆에 있는 분자 너머에 이 우주와 거의 비슷하지만 똑같지는 않은 우주가 존재한다는 것은 과학적으로 가능한 일일까?

그렇다. 평행우주는 존재할 수 있으며 또 그래야 한다. 평행우

---

**61** 『히치하이커』에 등장하는 인물. 4권에서 아서와 만나는 여인이다.
**62** 『히치하이커』에 등장하는 동물. 다른 평행세계에서의 지구인 '어쩌라구 행성'의 식용동물이다.
**63** 『히치하이커』에 등장하는 존재. 여러 평행세계, 또는 여러 시간분기, 또는 여러 번의 환생 때마다 아서 덴트와 얽혀 죽음에 이르는 비운의 존재다.

주란 말을 입 밖에 낸다고 해서 물리학자들의 단골술집에서 쫓겨나는 일은 더 이상 없다. 대신 공짜술을 돌려야 할 것이다.

대체적으로 말해서 네 종류의 평행우주가 존재하는 것 같다. 아주 멀리 떨어진 우주, 기본적인 '잡동사니'들은 같지만 다른 시공의 거품에 의해 격리되어 있는 우주, 양자의 기이함에서 파생한 우주(따라서 바로 옆에 존재하는 우주), 그리고 초은하단 크기의 두뇌가 있어야만 이해할 만큼 너무나 특이한 우주. 가장 간단한 평행우주는 우주가 무한하다는, 혹은 무한에 아주 근접한다는 원칙에서 출발한다(무언가가 무한에 가깝다는 것은 최초의 빅뱅과 매우 흡사한 속성을 지녔다는 뜻이다). 어딘가에 100만 개의 다른 지구가 존재하며 그 하나하나에 당신이나 당신과 매우 흡사한 사람이 살고 당신의 인생을 경험하고 있다면 어떤 기분이 들겠는가? 이 가설의 경우 정말로 기이한 일은 벌어지지 않는다. 평행차원도 없고 분자의 뒤를 살펴볼 필요도 없으며 평행시간대도 없다. 우주가 엄청나게 크다고 가정하기만 하면 된다. 물론 우주는 크다. 관측 가능한 물체 중 가장 먼 것은 4조km의 1조 배만큼 떨어져 있다. 그 거대한 공간 속에 1,000조 개의 은하가 있다. 이는 정말로 많은 수이며 그만큼 사건이 일어날 장소가 많다는 뜻이다. 이 수치는 우리가 사용하는 망원경의 성능에 따른 것이지만 상상 가능한 최고 성능의 망원경에도 이론적인 능력의 한계가 있다는 점을 잊지 말자. 그 한계란 빅뱅 이후 빛이 여행해온 거리다. 사실 이에 따라 지구를 중심으로 한 구를 상정해보면 그 바깥의 물체들은 빛보다 빠른 속도로 사라지는 것처럼 보인다. 따라서 관측은 불가능하다(그 물체들로부터 어떤 신호도 받을 수 없기 때문이다). 이 구를 허블구

(球)(Hubble's Volume)라고 하며 그 직경은 270억 광년이다.

허블구의 크기는 고정된 것이 아니다. 만약 우주의 팽창이 빠르지만 빛보다는 느린 속도로 계속된다면 더 많은 은하들이 시야에 들어올 것이다. 관측 가능한 우주는 시간이 지남에 따라 커진다. 하지만 팽창이 점점 빨라진다면(암흑에너지 때문에 실제도 이와 같은 것으로 알려져 있다) 시간이 지남에 따라 가장 먼 은하들은 문자 그대로 눈앞에서 사라져버릴 것이다. 우주가 팽창함에도 우리 눈에 보이는 세계는 줄어들 것이다.

허블반경 내에 평행지구가 있을 것 같지는 않다. 우리 은하처럼 큰 은하마다 발달한 문명이 10개씩만 존재한다고 가정해도 미친 소리처럼 들리지는 않을 것이다. 이 은하수 종족 중 어느 하나가 우리와 조금이라도 닮았을 확률은 물론 극단적으로 낮다. 우리 은하계 내에 지구와 똑같은 행성이 존재하는 것은 불가능하지만 그럼에도 불구하고 확률에 기반해서 생각해볼 필요는 있다. 하지만 은하는 우리 은하계 하나만이 아니다. 그렇다면 전 우주에는 수조 개의 문명이 존재한다는 이야기가 된다. 근사치는 대략(「스타트렉」의 우주관을 빌자면) $10^{20}$에서 아마도 7 사이일 것이다. 그 중 하나가 우리의 문명과 동일할 확률은 얼마나 될까? 0일 것이다. 지구와 아주 흡사한 행성이 어딘가에 있다 해도 동일할 수는 없다. 그것은 우주의 다른 구역에서 매우 다른 시간대를 가지고 있을 것이다. (「스타트렉」의 경우) 우주에는 수많은 인간형 종족들이 있지만 차이점이라고는 이마가 툭 튀어나왔다거나 발음이 이상한 정도다. 현실적으로는 이 정도로 유사한 것도 불가능에 가깝다.

즉 우리와 우리 주변의 세계는 유일무이하다. 하지만 관측 가능한 우주에 국한할 때의 이야기다. 우주가 본질적으로 무한하며 그 안의 별과 은하 또한 무한하다면 관측 가능한 우주의 지평선보다 100배쯤 떨어진 곳에 모든 면에서 우리 지구와 똑같은 또 하나의 지구가 확률상 하나쯤은 존재할 수도 있다. 당신과 지금 이 책을 포함해서 말이다.

이런 생각이 가능한 것은 무한이라는 요소를 도입하는 순간 무슨 일이든 벌어질 수 있고 또 벌어지기 때문이다. 단순히 생김새만 비슷한 생물이 아니라 당신과 똑같은 식으로 생각하고 느끼며 똑같은 인생을 살고 똑같은 행성에 거주하는 '당신'이 무한히 존재할 수도 있다. 게다가 이런 '당신들'이 올려다보는 하늘의 모든 특성 또한 당신이 보는 것과 동일할 것이다. 공간과 물질만 충분히 주어진다면 당신을 둘러싸고 있는 것과 '동일한' 허블구를 통해 관측 가능한 지평선을 넘어 훨씬 먼 (그러나 불가능할 만큼 멀지는 않은) 지점에 한순간에 도달할 수도 있다. 물론 이 허블구에는 성확히 똑같은 행성과 항성과 은하들이 존재한다. 이를 달성하기 위해서 꼭 무한한 우주가 필요한 것만도 아니다. 우리가 살고 있는 곳보다 84단계만큼 크면 이런 일이 가능하다고 주장하는 사람도 있다. 이 이론에 따르면 $10^{115}$km 떨어진 곳에 모든 면에서 동일한 우주가 있으며 그곳에 모든 면에서 당신과 동일한 쌍둥이가 존재한다(이 수치는 허블구 내에 존재 가능한 모든 양성자의 수를 계산한 다음 이 양성자 하나하나가 주어진 구 안에 있느냐 없느냐를 추측하여 계산한 것이다. 따라서 가능한 모든 순열을 포함하고 있다. 양사 상태는 고려하지 않았다. 양자 상태를 포함하면 무한 번수가 발생하며 혹자의 주장처럼 양자 상태가 의식이라는 이름의 골치 아픈 물건에 영향을 주거나 의식 자체를 구성할 수도 있기 때문이다. 만약 양자 상태가 생각과 경험에 본질적인 요소라면 당신과 동일한 쌍둥이는 이보다 훨씬 먼 곳에 살고 있다).

이 이론을 억지력 시나리오(brute-force scenario)라고 부를 수도 있다. 어려운 개념은 하나도 없다. 양자의 이상 현상도 없고 보이지 않는 차원도 없으며 시공연속체 속의 신비로운 소용돌이도 없다. 그저 사물들이 관측 가능한 작은 구 속에 흩어져 있고 우주는 이에 비해 훨씬 크며 1,000조 야드의 1,000조 배에 달하는 직경을 넘어선 곳에서는 구조의 의미가 사라진다는 것만 상상할 수 있으면 된다. 한마디로 말해서 거시적으로 본 우주란 기본적으로 따분하고 단순하다는 것이다. 다른 평행우주가설에서와 달리 이쪽의 쌍둥이는 원칙적으로 관측 가능하다. 우리 것과 똑같으며 가장 가까운 곳에 존재하는 허블구가 시야에 들어오기까지 수조 년만 기다리면 되는 것이다. 즉 어떤 이유로 인해 암흑에너지가 작용을 멈추거나 약해지면 된다. 그러지 않는다면 지금 관측 가능한 대부분의 사물들이 시야의 지평선으로 넘어갈 것이다. 그럴 경우 우주의 나이가 대략 지금의 2배쯤 되는 시점에서 우리 눈에 보이는 것은 우리가 속한 초은하단 내의 별과 은하들뿐일 것이다.

이쯤에서 우리는 왜 평행우주의 존재를 믿고 싶어 하는가를 설명할 필요가 있다. 기계장비를 통해서 관측하고 탐지할 수 있는 곳 너머에 있는 것들을 상상해야만 할 이유는 없다. 굳이 다른 세계를 상상하지 않더라도 우리 세계의 법칙과 복잡성은 인상적이며 충분히 광대하다. 게다가 평행우주는 복잡한 요소들을 최소한으로 줄이는 유용한 도구인 '오컴의 면도날'이 제시하는 시험대도 통과하지 못한다. 만물의 존재 이유와 방법을 설명함에 있어 그 주체가 신이라는 설명을 (신의 존재 또한 설명해야 하기 때문에) 엉성한 논리라고 제거한다면 평행우주를 취급함에 있어서도 당연히 똑같은 길을 선택해야 하지 않겠는가?

사실 평행세계가 등장해야만 하는 철학적이고 형이상학적이고 오래됐으며 단순하기까지 한 물리적 이유가 있다. 인간원리는(신의 존재나 기타 사항에 대해서는 4장을 참조하자) 왜 실재가 눈에 보이는 것 이상이어야 하는가를 단적으로 요약한다. 간단히 말하면 우주가 생명선호적(biophilic)인 것 같아 의심스러운 것이다. 생명의 존재와 탄생을 위해 정교하게 조절된 듯 보인다는 얘기다.

이것이 왜 문제일까? 답을 간단히 말한다면 이렇다. "우리는 분명 존재한다. 우리는 이 문제에 대해 생각한다. 따라서 우리는 생명이 생존 가능하도록 진화한 우주에 우연히 살게 된 것뿐이다. 증명 끝." 만족스럽다. 인간원리에 대한 답이 "완전하고 무작위적인 우연의 일치"라는 사실에 흐뭇해할 수 없는 몇몇 물리학자만 빼면 말이다. 우리가 태양의 크기와 질량에 대해 궁금해한다고 치자. 태양이 조금만 더 컸다면, 예를 들어 2배 크기라면 지구의 기온이 너무 높아 생명은 탄생할 수 없었을 것이다. 태양이 조금만 더 작았다면, 예를 들어 3분의 2 크기였다면 지구는 지금의 화성보다 추웠을 것이다. 태양이 지금보다 훨씬 크거나 아주아주 작을 가능성은 매우 높다. 존재 가능한 항성 중 가장 작은 것은 우리 태양의 10분의 1 크기이고 가장 큰 것은 100배에 달한다. 하지만 우리의 태양은 운 좋게도 딱 적당하다. 너무 뜨겁지도 않고 너무 차갑지도 않다. 이쯤 되면 의심을 품어야 하지 않을까?

물론 그렇지 않다. 우주는 항성으로 가득하다. 어떤 것은 크고 어떤 것은 작으며 어떤 것은 적당한 크기다. 우리가 우연히 딱 알맞은 크기의 항성을 공전하는 행성에서 태어났다는 사실은 전혀 기이하지 않다. 그러지 못했다면 여기에 존재할 수 없을 것이다(또는 금성이나 화성의 환경을 극복할 수 있는 형태로 진화했을 것이다). 항성에서 1억 5,000만km 떨어진 곳을 도는 행성의 기온이 화성이나 금성과 비슷한 항성계도 얼마든지 있다. 그 밖의 다른 조건들도 단순히 가능한 것이 아니라 실제 존재하기 때문에 인간원리적인 측면에서 본 문제점이란 없는 것이다.

하지만 딱 적당한 우주라면 문제가 된다. 우리 태양과 같은 것이 단 하나라면 그렇다. 우주가 하나뿐이며 그 우주가 생명을 위해 완벽하게 조절되어 있다면 가장 분명한 해결책은 (무시무시한 우연의 일치는 논외로 하고) 신이다. 대다수의 과학자들은 그런 해답에 돈을 걸지 않을 것이다. 만약 수백 개의 다른 우주가 존재하며 그중 다수는 생명체가 살기에 적합하지 않다고 상상한 후 그 상상이 마음에 든다면 인간원리의 문제는 사라진다.

진정한 다중우주는 물리법칙이나 상수들이 우리의 생물선호적인 우주가 '선택한' 것과는 달라서 초기 조건들이 상이한 우주들로 구성되어 있다. 이 이론은 물리법칙이나 상수들이 다를 수도 있다는 것을 전제한다. 이는 사실과 다를지도 모른다. 아인슈타인의 조력자였던 에른스트 스트라우스(Ernst Strauss)는 이런 질문을 던진 바 있다. "신이 우주를 창조할 때 선택의 여지가 있었을까?"

정곡을 찌른 질문이다. 이 질문에 대한 답이 '그렇다'라면 인간원리의 문제를 해결할 수 있는 것은 다중우주뿐이다. '아니오'라면 문제 자체가 성립하지 않는다. 우리가 '물리법칙'이라고 부르는 것이 실은 절대적이지 않으며 리스가 명명한 대로 단지 "세부 규칙"에 지나지 않을지도 모른다. 우리가 아직 해독하지 못한 근본원리 모음집에 대한 지역적 번역 문제일지도 모르는 것이다. 만약 이것이 사실이라면 가장 이상한 다중우주가 등장해야 할 것이다. 관찰 가능한 현실보다는 수학과 논리의 기반에만 뿌리를 내린 그런 다중우주 말이다.

논쟁의 여지가 많음에도 매력적인 이론 중의 하나는 양자역학을 '다(多)세계'(many worlds)라는 말로 바꾼 해석이다. 우리는 7장에서 시간여행을 다루면서 이를 접한 바 있다. 이 이론은 다른 평행우주가설보다 더욱 기이하다. 억지력 다중우주의 경우 우리와 동일한 쌍둥이를 만나기 위해서는 튼튼한 우주선과 아주 긴 시간만 있으면 된다. 양자적 평행우주에 도달하기 위해서는 하등의 거리도 여행할 필요가 없다. 대신 다른 세계에는 영원히 다다르지 못할 것이다.

이 이론은 양자세계의 모습을 순수하게 수학적만으로 표현하기보다 실용적인 용어로 설명하려는 시도다. 전자의 에너지 순위가 바뀌면서 일어나는 광자의 빙출 같은 것들을 양자적 사건이라 한다. 양자적 사건의 결과는 더 큰 물체들의 행동과는 달리 복잡하다. 간략하게 말해서 양자이론은 사건이나 물체의 특정 상태는 확률의 '파동'으로써 가장 잘 묘사된다고 진술한다. 다시 말하면 특정 순간 전자가 점유하는 실제 위치는 알 수도 없을 뿐 아니라 사실 결정하는 것 자체가 불가능하다. 인간에 의한 것이건 기계나 다른 입자에 의한 것이건 관측한다는 행위 자체가 파동을 '붕괴'시키고 지금 이 순간의 위치로 고정시키는 것이다. 유명한 "슈뢰딩거의 고양이"(Schrödinger's cat)의 패러독스가 이것이다. 고양이를 (다른 동물도 상관없다) 밀폐된 상자에 넣는다. 상자 안에는 장전된 총이 들어 있다(생명을 위협할 수 있다면 뭐든 상관없다. 청산가리 알약도 좋다). 총에는 양자적 사건이 벌어질 경우, 예를 들어 정해진 시간에 방사성 물질에 의해 입자가 방출될 경우 방아쇠가 당겨지도록 설계된 기계를 부착한다. 이와 같은 종류의 사건은 결정적이지 않다. 다시 말해 라듐덩어리에 '어떤 일이 생겨서' 알파입자가 방출되지 않을 수도 있다. 따라서 우리는 어느 시점에 상자 속의 고양이가 살아 있는지 죽었는지를 확실히 알 수 없다. 파동함수는 상자를 열어야 비로소 '붕괴'하고 비결정적이던 양자적 과정의 결과가 드러나는 것이다.

다른 말로 하면 상자를 밀폐한 후 총이 발사될 수도 있고 그러지 않을 수도 있다. 고양이는 살아 있을 수도 있고 죽었을 수도 있다. 1분 뒤 (또는 언제라도) 상자를 열어봐야 어느 쪽인지 알 수 있다. 하지만 양자이론을 이런 방식으로 해석하면 상자 안의 고양이가 나머지 우주와 완전히 격리되어 있다는 사실 때문에(실제로 이런 환경을 만들려면 명왕성보다 훨씬 먼 곳에 있는 블랙홀의 주변을 돌거나 그에 준하는 상태에서 실험해야 하지만 여기서는 일단 무시하자) 고양이의 상태를 알 수 없는 것은 물론이고 상자를 열기 전까지 고양이의 상태가 실제로 정해지지 않는다는 결론에 도달한다—슈뢰딩거가 고양이 실험을 생각해낸 것은 양자 중첩(quantum superposition)이라는 아이디어가 얼마나 어리석은 것인지를 보여주기 위함이었다고 한다. 얼마나 모순적인가.— 다른 말로 표현하면 상자 안에 두 마리의 고양이(거기에 더해 상자도 두 개다)가 존재하는 것이다. 살아 있는 고양이와 죽은 고양이 말이다. 이를 중첩(superposition)이라고 한다.[64] 양자적 불확실성을 해석하기 위해 간단한 예/아니오 문제를 도입했건만 두 개의 우주가 튀어나온 것이다. 총의 발사 여부가 결정되어 있지 않다가 저쪽 우주의 실험자가 상자를 열고 고양이의 시체를 발견하면 우리는 살아 움직이는 고양이를 보게 되는 것이다. 물론 그 반대의 경우도 동일하다.

바보 같은 소리처럼 들리지만 사실 무서운 구석도 있다. 관찰이라는 행위가 왜 현실을 바꾸는가? 전자와 같은 양자 수준의 물체가 어디에든 어느 때든 존재할 수 있다면 그 진짜 의미는 무엇일까? 더 큰 물체는 어떤가. 자동차나 식탁은? 자동차 또한 양자 수준의 물질로 구성되어 있다. 하지만 물건을 사고 주차장에 가봤더니 세워두었던 차가 해왕성으로 이동하는 일은 벌어지지 않는다(북부 런던의 우범지대가 아니라면 말이다).

---

**64** 정확히는 파동 확률의 중첩이다. 본래는 입자가 여러 곳에 동시에 존재하는 현상이기만 양자역학에서 입자의 존재란 곧 파동 확률과 동의어이며 양자 상태 및 양자적 '사건'과도 같은 말이다. 따라서 양자 중첩이란 여러 가지 양자 상태(즉, 사건)가 농시에 존재한다는 뜻이기도 하다.

양자이론에 다세계를 적용해 해석하면 본질적으로는 다음과 같다. 특정 사건에서 여러 가지 결과가 유래할 가능성이 있다면 실제로 그 **모든** 결과들은 항시 발생한다. 이 경우 기이함은 말끔히 사라진다. 고양이는 살아 있는 동시에 죽은 것이 아니며 식탁이 두 장소에 동시에 존재하는 것도 아니다. 가능한 모든 양자 상태가 발생할 때마다 새로운 우주가 끊임없이 생성되는 것이다. 이 해석은 파동함수가 붕괴한 단 하나의 결과만이 존재한다는 해석과 차이가 있다. 프린스턴대학교의 물리학자인 휴 에버렛 3세는 1957년에(당시 에버렛은 학생이었다) 다세계이론을 제안했다. 이 이론에는 깊은 뜻이 숨어 있다. 존재하는 평행우주의 수는 실제로 무한하다는 것이다. 모든 입자 하나하나가 '선택'할 때마다 새 우주가 탄생한다. 우리 우주에서는 자동차가 믿음직스럽게 주차장에 서 있다. 다른 (소수의) 우주에서는 자동차를 찾지 못할 것이다. 태양계의 외부 변방에서 갑자기 실체화했기 때문이다. 거시적으로 표현하자면 가능한 모든 '버전'의 현실들은 서로 동등하며 모두 실제로 일어나고 앞으로도 일어날 것이다. 따라서 소련이 뱃머리를 돌리지 않고 케네디와 흐루시초프가 전쟁을 벌이는 우주가 존재하는 것이다. 베트남전에서 상식이 통했던 우주도 존재한다. 쿠바의 미사일 위기나 베트남전이 아예 발발하지 않았던 우주도 수없이 많다. 조직화된 물질이 아예 존재하지 않는 우주 또한 무한히 많다.

이 이론이 인간원리의 문제와 관계가 있는가? 무한히 많은 우주를 상정하긴 했지만 그 모든 우주에서 물리법칙과 상수 등등이 동일할 수도 있다. 양자적 사건이 보편적인 상수를 바꿀 수는 없다. 어쩌면 우리는 진짜 문제는 하나도 해결하지 못한 채 우리 우주의 매우 거대한 버전만 만든 것인지도 모른다. 어쨌든 대단한 착상임에는 틀림없다.

다른 우주들은 어디 있는가? 양자적 다세계 다중우주에서 다른 우주들은 '무한-차원 힐베르트공간'(infinite-dimensional Hilbert space)이라는 곳에서 우리 우주와 부대끼고 있다. 무한-차원 힐베르트공간이란 양자적 사건의 파동함수가 발생하는 무대다. 평행우주에서 다른 평행우주로 여행하는 것은 불가능하다. 우리가 흔히 알고 있는 '여행'은 불가능하다는 뜻이다. 신적인 관점에서 보자면 진정한 우주는 단 하나뿐이다. 그 상태가 무한할 뿐이다.

어떤 이들은 다세계가설에 반대한다. 이 가설이 "너무나 어이가 없으며 너무나 비경제적이고 너무나 복잡하다"는 것이다. 옥스퍼드대학교의 데이비드 도이치는 2002판 「뉴사이언티스트」를 통해 이렇게 말한다. "그런 평들은 감정적일 뿐 과학적인 반응은 아니다. 양자이론에 의하면 다른 우주들은 의심의 여지없이 존재한다. 우리가 눈으로 보는 이 우주가 존재한다는 것과 정확히 같은 의미로 말이다. 이것은 해석의 문제가 아니다. 양자이론의 논리적인 귀결이다."

혼란스러운가? 아직 끝나지 않았다. 6장에서 살펴본 바와 마찬가지로 우리 우주를 태어나게 만든 폭등이 실제로는 매우 거대해서 빅뱅이 사실은 매우 국소적이고 사소한 사건이었을 수도 있다. 무한한 수의 거품들, 즉 거품의 '고리'가 있으며 쌍둥이 우주가 분명코 존재할 수도 있는 것이다. 하지만 여기서의 다른 우주(설사 이 우주들이 우리 우주와 같은 시공연속체 속에 존재한다 할지라도) 역시 양자적 사건에서 파생한 다세계들과 마찬가지로 도달 불가능하다. 광속으로 날 수 있는 우주선을 이용한다 해도 절대 다른 우주에 다다를 수 없다. 왜냐하면 조직 자체가, 우주들이 박혀 있는 덩어리 자체가 광속보다 빠르게 팽창하기 때문이다. 이 거품들 중 상당수는 서로 다른 물리법칙의 지배를 받을 것이다. 따라서 인간원리의 문제는 사라진다.

또 다른 다중우주이론도 있다. 펜실베이니아주립대학교의 물리학 교수인 리 스몰린(Lee Smolin)은 블랙홀이 사상의 지평선 안에 새로운 우주를 만들 수도 있다고 주장한다. 끈이론을 11차원으로 확대한 M이론에서는 우리 우주를 11차원의 공간 속에서 '막들'이 충돌한 결과 발생한 수많은 부산물 중 하나라고 본다. 그렇다면 물리법칙이란 임의적이며 각 우주마다 고유한 것이다. 기본적인 수학법칙에 대한 모든 가능한 '해답'의 지배를 받는 모든 우주가 존재 가능하며 또 그래야만 한다. 플라톤식 개념을 빌자면 근본적인 것은 현실(또는 관측된 현실)이 아니라 수학이다. 태초에 방정식이 있었으니 그것은 좋았다. 만물이 그 뒤를 따랐다. 궁극의 현실이란 힘도 아니고 끈이나 막의 묘사도 아니다. 시공의 바깥 전체에 존재하는 수학 구조인 것이다.

이런 이론들에 의미가 있는가? 리스가 시인하는 바와 같이 만약 이러한 평행세계에 가볼 수도 없고 관측할 수도 없다면 결국은 형이상학적인 이야기에 불과하다. 하지만 WMAP나 COBE나 허블망원경과 같은 최첨단장비를 사용하면 언젠가 우리 우주의 참모습이 밝혀질지도 모른다. 아이작 아시모프는 몇십 년 전에 『신들 자신』(The Gods Themselves)이라는 참신한 소설을 쓴 바 있다. 평행우주가 발견되고 양자 간의 물리상수차를 이용하여 에너지원을 만든다. 이 에너지원은 두 우주에 사는 지적 생명체 모두에게 이득을 준다. 언젠가는 평행우주로 이동할 수 있는 날이 올지도 모른다. 우리 우주 속에서 외계 생명체를 발견하는 것과 트리시아 맥밀런이 핸드백을 가지러 가지 않아서 자포드 비블브록스와 함께 떠날 기회를 놓친 또 하나의 지구를 발견하는 것 중 어느 쪽이 우리 인류를 심한 충격에 빠뜨릴까?

# 13

## 하늘에서 뚝 떨어진 고래

우와! 저것 좀 봐! 저게 도대체 뭐야?

나한테 갑자기 총알같이 달려드는데? 무진장 빠르네.

크고 편평하고 둥글잖아. 뭔가 보편적인 이름을 붙여줘야겠네.

예를 들어서 [……] 아 [……] 앙 [……] 땅! 그거야! 땅이라, 이름 괜찮네.

**나랑 잘 지낼 수 있으려나?**

*무한 불가능확률항법 때문에 존재하게 된*

*무명 고래의 머릿속에 마지막으로 떠오른 생각*

겉으로 보기에 질서정연한 우주에서 무슨 일이든 아무 때나 일어
날 수 있다는 사실을 인정하기는 매우 힘들다. 완벽한 카드 패를
손에 넣는다거나 연속으로 빨강에 4,000번을 건 다음 우주에 존재
하는 모든 원자보다 더 많은 돈을 따서 카지노를 빠져나오는 것은
카지노에서의 일이 아니라면 순전히 수학법칙상의 문제이다. 물
론 이런 일이 실제로 벌어진다면 번쩍거리는 양복을 입은 거구의
사내들한테 끌려가서 카지노 주차장 바닥에 무릎을 꿇어야 하겠
지만. 처음 마주친 원숭이 무리에게 타자기를 쥐어줬더니 첫 번에
완벽하게 『햄릿』을 쳐내려가는 것도 같은 문제다.

우리가 열세 번 연속으로 복권에 당첨된다고 해서 물리법칙이
흔들리지는 않는다. 운전하던 차의 모든 원자가 갑자기 왼쪽으로
1m 이동하는 바람에 엄청난 고통과 함께 생명에 위협이 될 수도

있는 고속도로 위로 내팽개쳐짐을 당하더라도 마찬가지다. 갑자기 목성 표면에서 잠을 깰 수도 있고 불과 몇 초 전에 존재하게 된 고래의 뱃속에서 눈을 뜰 수도 있다. 놀랍게도 확률의 법칙 덕분에(특히 목성의 경우는 양자물리학의 기이함 덕분에) 이와 같이 말도 안 되는 일들 또한 완전히 불가능한 것은 아니다.

얼마 전 '콘플레이크 속의 빅뱅'과 비슷한 제목의 신문기사를 본 적이 있다. 한 과학잡지에서 아침밥을 먹으려고 자리에 앉는 순간 눈앞에 우주 전체가 튀어나올 가능성에 대해 유쾌하게 계산해놓은 것을 기사화한 것이었다. 그럴 가능성이 낮긴 하지만 무한하게 낮지는 않다(여기서 우리가 얘기하는 것은 10을 우주에 존재하는 원자의 총합과 동등한 수만큼 제곱한 다음 그 수를 자신과 한 번 더 곱한 것의 역수다). 신기한 일은 매일 일어나는 법이다. 물론 고래가 하늘에서 뚝 떨어지는 경우는 극히 드물지만 전자가 동시에 두 장소에 존재하는 것은 극히 일반적이며 극단적으로 불가능할 것 같은 양자적 사건이 벌어져서 우리 우주가 탄생하기도 하는 것이다.

확률우주선 '순수한 마음호'는 그처럼 어마어마한 확률로 불가능한 사건을 비할 데 없는 활력의 원동력으로 바꿔놓을 수 있다. 예를 들어 지구에서 유일하게 살아남은 남성이 우주 공간의 무한한 공허 속에서 죽기 1초 전에 지구에서 유일하게 살아남은 여성에게 구조되는 일이 그것이다. 측정결과 그 불가능성의 수준은 2를 그 두 사람이 처음 만난 아파트의 일곱 자리 전화번호만큼 제곱한 것과 같다고 한다.

더글러스 애덤스가 풍자를 위해 확률을 추진력으로 사용한 것은 극적으로 시의적절했다. 윤리적·경제적·개인적 판단을 내림에 있어 확률의 이해는 필수적이다. 역사적으로 그 어느 때보다도 지금이 그러하다. 과거 우리가 알고 있던 확률방정식은 몇 개 되지 않았다. 죽음이란 확정적이다(지금도 그렇지만). 그 확률은 말하는 방식에 따라 1 또는 100%다. 세금도 그렇다. 살아가는 데 있어서 중요한 많은 것들이 확정적이고, 그렇기 때문에 우리의 삶을 안락하게 한다. 계절의 변화, 가축과 작물의 주기적인 생산량 등등. 기술문명 이전 시대의 경우(오늘날에도 그런 곳이 많이 남아 있지만) 위험이나 사고가 운명이라는 사고방식 덕분에 확률문제를 무시할 수 있다. 의약품이나 깨끗한 물, 영양식을 구할 수 없다면 매일 닥쳐오는 위험에 대처할 수단은 없다. 우리 아이들 중 몇은 죽을지도 모른다. 살다보면 몇 가지 불쾌한 질병에 걸릴 수도 있고 언젠가는 그 중 하나에서 회복하지 못할 수도 있다.

오늘날에는 사고나 숙명이나 존재의 생물학적 현실이 엉망임을 얘기하는 대신 위험성을 논한다. 그리고 아프리카 사바나기후에서 진화한 우리가 현대세계의 복잡하고 눈에 잘 띄지 않는 위험성을 평가하는 데에 얼마나 서투른가를 깨닫는다. 호모 모더누스(Homo Modernus), 즉 현대인들은 내일 아침 해가 뜰 경우의 수가 얼마인가를 빼고는 확률계산에 있어서 바보나 다름없다.

예나 지금이나 대중이 위험요소들을 어떻게 평가하고 어떻게 순위를 매기는가를 정량화하는 사람들이 있다. 그 결과는 언제나 우울하면서도 친숙하다. 1990년대 초반 다수의 미국 학생들이 건강에 위협을 주는 요소에 순위를 매겨보라는 질문에 어떻게 대답했는가를 보면 그 결과가 분명하게 드러난다. "원자력 발전소 근처에 거주하는 것"이나 "살충제"가 상위에 있다. 그 뒤를 따르는 것은 "컴퓨터 모니터에서 나오는 전자파"와 "식품첨가제"다. 자전거 타기나 운전처럼 정말 위험한 것은 그 다음에나 등장한다. 목록의 가장 아래에 있는 것은 "흡연", "수영", "집안 보수공사" 등이다.

거의 모든 조사 결과에서 우리가 위험순위를 거꾸로 매기고 있다는 사실이 드러난다. 사회가 가장 심각하게 걱정하는 것, 즉 핵무기, 항공교통, 공해, 열차사고 등이 우리를 해칠 확률은 매우 낮다. 우리는 공항으로 가는 고속도로(이 경우 사고 확률은 수만분의 1이다)보다 항공기 추락을(대형 여객기를 타고 가다가 죽을 확률은 수백만분의 1이다) 더욱 심각하게 걱정한다. 또한 내 아이가 홀로 길을 걷다가 낯선 사람에게 살해당할 것을(이런 일이 일어날 확률은 매년 각 어린아이당 100만분의 1 정도다) 자신의 귀염둥이가 위험한 길거리에 무방비로 노출되는 것이 두려워 차로 데려다주는 부모의 차에 치일 수 있는 것보다 더 두려워한다. 아이가 교통사고를 당할 확률은 낯선 사람에게 살해당할 확률보다 최소한 100배는 높다. 또한 실제로 아이가 살해당한 경우에도 범인이 부모나 친인척인 경우가 낯모르는 사람인 경우보다 5배가량 많다. 우리는 흡연보다 살충제를 두려워하고 호텔수영장에서 술에 취해 익사하는 것보다 주말에 강도가 드는 것을 더 무서워한다. 그리고 균형 잡힌 음식을 섭취하는 것보다 식품첨가제를 비난하는 데에 더욱 열중한다.

정말로 거대한 자연재해의 경우 확률은 우리의 본능과 정반대 되는 결과를 보여준다. 예를 들어 사람들은 지구에 소행성이 충돌할 거라는 말을 들으면 싸구려 소설에나 나올 얘기라고 일축한다. 영국 하원의원인 렘빗 오픽(Lembit Opik)은 정부주도하에 제대로 작동하는 조기경보 시스템을 만들어야 한다고 정력적으로 주장한다. 대부분의 사람들은 오픽을 과대망상증 환자로 취급한다. 하지만 오픽의 우려는 적절하다. 거대 소행성이 지구에 충돌할 것이라는 걱정의 핵심은, 극히 드문 일이라는 점과(이는 설득력이 있다) 정말로 그런 일이 벌어지면 그 결과가 매우 끔찍할 것이라는 점이다(이는 설득력이 덜하다). 6,500만 년 전에 공룡을 지구상에서 내쫓은 것과 같은 규모의 소행성 충돌은 1억 년에 한 번 일어날까 말까 한 사건이다. 실제로 그때 이후 단 한 번도 발생한 적이 없으며 아마도 호모 사피엔스가 이 행성에 체류하는 동안에는 다시는 일어나지 않을 것이다. 하지만 내일 당장 그런 일이 벌어진다면 약 50억 명은 죽을 것이다. 계산해보면 알겠지만 현재 살아 있는 누군가가 소행성 충돌로 숨을 거둘 확률은 영국국립복권(the British National Lottery)에 당첨될 확률보다 750배 높고 행성 충돌로 인해 사망할 확률보다 2배 높다. 그럼에도 불구하고 우리는 복권에 수백만 파운드를 쓰고 항공안전에 수십억을 쓰면서도 소행성 경보장치에는 땡전 한 푼 안 쓰는 것이다.

여기서 말하고자 하는 것은 통제와 빈도이다(확률과는 다르다). 우리는 자동차보다 비행기를 더 무서워한다. 차는 자주 몰지만 비행기는 그렇지 않기 때문이다. 다른 사람에게 운전대를 맡기면 더욱 불안하다. 두어 번만 비행기를 타보면 공포감이 급격하게 줄어

든다는 데에 많은 사람들이 동의한다. 공포가 발생하는 것은 천국의 기쁨이 없어서가 아니라 무지 때문이다. 안심은 지식에서 탄생한다. 소행성에 대해 걱정하지 않는 것은 충돌 장면을 본 사람이 없기 때문이다(사실은 그렇지 않다. 1908년, 혜성의 파편으로 생각되는 무서운 무언가가 시베리아의 퉁구스카 지역의 대기를 때리는 것이 목격되었다. 만약 그 물체가 여덟 시간만 늦게 도착했다면 동일 위도상에 있던 에드워드 시대의 런던은 납작해졌을 것이다). 유행병도 마찬가지다(1918년에 유행했던 독감을 기억하는 사람은 거의 남아 있지 않다).

언론의 영향도 크다. 언론인들은 화력이나 가스발전소보다 원자력발전소의 사고를 훨씬 크게 부각시킨다. 사고와 원자력은 본질적으로 아무 관계가 없는데도 불구하고 말이다. 2004년 후반, 일본의 원자력발전소에서 불미스러운 사고가 발생해 일군의 근로자들이 사망했다. 이 소식은 신문의 1면을 장식했다. 사고의 원인인 증기 유출은 반응로 핵과 아무 연관이 없으며 방사능 유출 또한 없었음에도 말이다. 언론이 비일상적이고 매력적이며 이국적인 사건들을 과대 포장한 결과 그 영향은 누적되어 우리로 하여금 특정 기술이나 행동에 대해 (항공여행, 철도, 원자력, 유전자변형음식, 백신 등) 예민하게 반응하도록 만들고 대신 다른 것에(전기공구, 운전, 과도한 주류 소비, 럭비 등) 둔감해지도록 유도하는 것이다.

그 결과 오늘날 공공정책의 상당 부분과 특히 세금의 사용처는 완전히 잘못된(때로는 의도적인) 통계 분석에 기반을 두고 있다. 건강복지와 교통이 특히 그러하다. 가장 좋은 예는 철도안전이다. 우리 모두는 마음속 깊은 곳에서 철도가 매우 안전하다는 사실을 알고 있다. 그러면서도 자동차나 자전거나 오토바이보다 훨씬 높은 수위의 안전을 요구한다. 영국에서 치명적인 철도사고가 발생할 때마다 같은 사고의 재발을 방지하기 위해 납세자들의 주머니에서는 수억 파운드가 빠져나간다. 대중교통의 안전성을 100% 가까이 끌어올리기 위해서는 그만큼의 돈을 더 들여야 하며 이를 메우기 위해 많은 사람들이 기차나 버스에서 쫓겨나 사고로 죽을 확률이 엄청나게 더 높은 도로로 내팽개쳐진다는 사실에 주의를 기울이는 사람은 거의 없다. 통계학자들은 인명을 구하기 위해 드는 비용을 계산했다. 기차의 경우 이 비용은 자동차에 비해 100배에서 1,000배가량 더 높다.

그와 동시에 확률이(옛날식으로 말한다면 가능성이나 위험성에 해당한다. 이 단어들은 불안한 동물적 본성을 더 잘 표현한다) 유용한 도구라는 사실이 점점 드러나고 있다. 천문학자들은 대형 망원경이나 많은 소형 망원경을 통해 수천 광년 떨어진 우주를 관측한 다음 그속에 내포된 규칙을 찾기 위해 확률을 사용한다. 유기화학자들은 새 약품을 개발하기 위해 확률을 이용하고 반테러리스트 전문가들은 미국 각 도시 내 약품 구입 현황을 파악하고 분석해서 생물학 병기를 이용한 테러를 예방하기 위해 사용한다.

정보 추출은 방대한 자료를 수집하고 그 숫자들을 컴퓨터 자료화하여 통계적인 결과를 이끌어내는 방법 중 하나다. 이를 이용하면 개개인의 신용카드 사용 용도, 항공기 예약, 자동차 대여 등 대중의 개인적인 행동들의 눈에 띄지 않는 경향을 분석할 수 있다. 정보 추출이 강력한 도구인 동시에 악의에 찬 용도로 사용될 수도 있다는 사실이 알려지면서 미국 법률은 그 중 몇몇의 사용을 엄격하게 금지하고 있다. 비슷한 예로 영국에서 1996년 성폭행사건을 맡은 한 판사는 DNA검사와 용의자가 유죄일 확률은 참고하면서도 베이스통계학을 증거로 채택하는 것은 거부했다.

확률의 세계는 이해하기 어렵다. 우리들 대부분은 러시안룰렛이나 카드게임 정도에 필요한 수학만을 직접 받아들인다. 그 결과 현실과 지각의 차이를 이용한 보험회계사와 마권업자들이 떼돈을 번다. 애덤스의 말이 맞다. 확률은 정말로 유용하고 날카로운 도구다. 정직한 사람의 손에 들어가면 엉뚱한 것과 관계있는 것, 유해한 것과 무해한 것, 부조리한 것과 개연성 있는 것을 가려낼 수 있다. 그 덕분에 목숨을 건질 수도 있고 돈을 벌 수도 있다. 잘못된 손에 들어가면 자포드와 트릴리언이 깨달은 바처럼 전혀 엉뚱하고 위험천만한 곳에 도달할 수도 있다.

# 14

## 궁극적인 질문과 그 해답

필요한 것은 숫자 하나였다. 평범하고 작은 숫자 하나.
그래서 고른 것이다. 이진법식 표현이나 13진수나 티베트의 수도승은
전혀 어울리지 않았다. 책상에 앉아서 정원을 내다보다가 '42면 되겠네'
라고 생각했다. 그래서 타이핑했다. 그게 전부이다.

더글러스 애덤스

구글 검색창에 "인생, 우주 그리고 세상 만물에 대한 해답"이라고
쳐 넣어보자. 그러면 계산 기능이 작동하고 "42"라는 답을 보여줄
것이다. 물론 이 숫자는 '숙고'가 그리 편하지만은 않았던 750만
년 동안 깊은 명상에 잠긴 후 내놓은 해답이다. '숙고'가 미리 경고
했듯이 쥐들은('숙고'를 만든 장본인들이다) 이 답에 만족하지 않았
다. "마음에 들지 않겠지만." 숙고가 50만 세대 만에 처음으로 모
니터를 켜면서 맨 처음 꺼낸 말이다.

  인생, 우주 그리고 세상 만물을 숫자 하나로 축소한 것은 재미
있는 농담이다. 애덤스는 물리학이 우주로부터 얻어냈으며 또 앞
으로 얻고 싶어 하는 것이 결국 몇몇 상수라는 것을 알고 이런 장
난을 친 것이다. 1999년, 마틴 리스는 우리 우주를 결정짓는 핵심
적인 물리량을 검토한 다음 이를 정리해서 『여섯 개의 수』(*Just Six*

Numbers)라는 책을 펴냈다(유감스럽게도 그 중에 42는 없다). 숙고가 내린 결론과 마찬가지로 답을 알았다면 궁극적인 질문이 무엇인지를 밝혀야 할 것이다. 우리는 최소한 이 문제에 있어서만큼은 약간의 진보를 이뤘다.

우리가 알고 있는 물리법칙이 존재하는 법칙의 전부일까? 계속 주시하고 있었음에도 아직 발견하지 못한 원리가 근저에 숨어 있는 것일까? 다른 물리법칙도 존재 가능한가? 또는 우리 우주가 존재 가능한 유일한 형태의 우주일까? 물리학자들은 자연의 '대칭성'에 관해 이야기한다. 그 중 상당수는 빅뱅 이후 사라졌다. 즉 태초에 물질과 반물질이 같은 양만큼 만들어졌다고 가정할 근거는 없다. 시간에도 영원한 풀리지 않는 수수께끼가 있다. 정확히 어떤 수수께끼인가? 웰스는 소설 『타임머신』에서 다음과 같은 견해를 피력한다. 시간 역시 우리에게 익숙한 세 개의 공간적 차원과 마찬가지로 또 하나의 차원으로 간주해야 한다는 것이다. 하지만 우리가 겪어온 시간은 위·아래·앞·뒤와는 다르다. 우리가 보기에 시간에는 화살표가 있다. 한쪽 방향으로만 흐르는 것이다. 브라이언 그린은 이를 다음과 같이 표현한다.

깨진 달걀은 도로 붙지 않는다. 녹은 양초는 다시 원래의 양초로 돌아가지 않는다. 기억은 과거의 산물이지 미래의 것이 아니다. 사람은 나이를 먹을 뿐 젊어지지 않는다. 우리의 인생을 통제하는 것은 이와 같은 비대칭성이다. 시간의 앞과 뒤가 서로 다르다는 것은 우리의 현실적 경험을 지배하는 핵심요소나. 만약 시간의 앞과 뒤기 인쪽과 오른쪽처럼 대칭적 양상을 띤다면 [……] 우리는 세계를 인식할 수 없을 것이다.

그린을 비롯한 몇몇 사람들이 단언하는 바와 마찬가지로 어쩌면 시간의 화살표는 우주가 탄생한 그 순간부터 고정되었을지도 모른다.

한편 암흑에너지가 있다. 암흑에너지는 관측 가능한 우주의 3분의 2를 차지하며 은하들이 더 빨리 흩어지는 데 일조한다. 빅뱅의 순간에 발생한 우주폭등을 일으켰던 힘과 암흑에너지는 같은 것일까? 우리는 진공이 비현실적인 에너지로 부글거리고 끓어올랐음을 알고 있다. 이 에너지야말로 정체를 알 수 없는 반중력적 힘의 자연스러운 후보자다. 하지만 암흑에너지는 진공에너지의 규모를 추산한 결과보다 조금 모자란다. 즉 진공에너지의 $10^{120}$분의 1에 불과하다. 암흑에너지는 현대물리학의 성배 중 하나인 힉스장(場)(Higgs field)과 관련이 있을까? 힉스장은 입자에 질량이라는 속성을 주는 원천으로 알려져 있다(질량의 원천 또한 시간과 마찬가지로 중요한 동시에 우리를 부끄럽게 만드는 것 중 하나다. 물리학자들은 이에 대해 어떤 실마리도 찾지 못한 상태다).

암흑물질은 어떨까? 관측된 은하들의 모양과 크기를 설명하기 위해서는 항성, 행성, 우주먼지처럼 눈에 보이는 물질들만으로는 충분하지 못하다는 사실이 알려진 후 이 기괴한 물질을 찾아내기 위한 노력은 계속되었다. 암흑물질은 우주 곳곳에 퍼져 있으며 오직 중력이라는 이름의 약한 대리인을 통해서만 일반적인 물질에 영향을 주는 것으로 추정된다. 암흑물질을 발견한 것은 스위스의 천문학자이며 칼텍에 재직한 바 있는 프리츠 츠비키(Fritz Zwicky)이다. 츠비키는 1930년대 초반 자신이 관찰하고 있던 은하단의 움직임이 비정상적이라는 사실을 발견했다. 서로서로 멀어져야 함에도 보이지 않는 힘에 묶여 있는 것처럼 보였던 것이다. 그 힘은 후광처럼 은하들을 둘러싸고 있으되 눈에 보이지는 않는 어떤 물체에서 나오는 중력 같았다. 천문학계 밖으로는 잘 알려지지 않았지만 츠비키는 단숨에 우주의 영역을 한 자릿수 증가시켰다는 명성을 얻을 만하다.

물리학자들은 우리가 익히 알고 있는, 또는 익히 알고 있다고 생각하는 3개의 공간차원과 1개의 시간차원 외에 또 다른 차원이 존재하는가를 알고 싶어 한다. 끈이론과 그 가장 최신판 재림인 초끈이론 및 M이론은 존재가 너무 미미해서 아직 발견하지 못한 7개의 차원이 더 있다고 강력하게 주장한다. 끈이론에 의하면 물질은 점 같은 기본입자들이 아니라 순수한 시공의 작고 가는 실로 이루어져 있다. 이 가는 실은 광자보다 수천조 배 정도 작고 모양과 움직임은 작은 끈과 유사하다. 입자물리학의 기본모델에 따르면 우주에는 약 50종의 기본입자가 있다. 이 정도면 솔직히 동물원에 가깝다. 12종의 페르미온(물질)과 몇 개의 보존(방사) 및 그 각각에 상응하는 반입자들이 있고 거기에 질량을 운반하는 힉스 보존(Higgs boson)과 중력자 등 아직 발견되지 않은 입자들도 있다. 하지만 이렇게 별난 것들이 모여 있다 보니 기본, 기초라는 느낌이 오질 않는다. 그래서 등장한 것이 끈이론이다.

전자의 전하량이나 중성미자의 질량 등 각종 입자가 지니는 특성이 실은 끈이 진동하는 방식의 차이라는 것이 끈이론의 설명이다. 만약 초끈이론이 사실이라면 우리는 과학에 있어서 가장 핵심적이며 기본적인 질문, 즉 "물질은 무엇으로 이루어져 있는가?"라는 질문에 대한 답을 얻은 셈이다. 단 하나 남은 문제는 이와 같은 미시적 문제를 증명하는 것이다. 그러기 위해서는 현존하는 가장 강력한 입자가속기가 다룰 수 있는 것보다 엄청나게 큰 에너지가 필요하다. 그야말로 21세기의 진정한 도전 과제라고 하겠다.

보충적인 '큰 의문' 중의 하나는 기본 힘들과 입자를 하나로 합칠 수 있는가 하는 것이다. '통일장이론'이 완성되면 약력과 전자기력처럼 근본은 같으면서 양상만 다른 것으로 추정되는 요소들 각각을 설명하기 위해 수십 년 동안 계속됐던 합리화의 고군분투를 끝낼 수 있을 것이다. 규모가 거대하며 중력과 시간과 공간을 모두 아우르는 아인슈타인의 물리학을 닐스 보어(Neils Bohr)와 하이젠베르크, 막스 플랑크(Max Planck)의 양자물리학과 통합할 수 있을까? 양자물리학의 세계란 한 물체가 동시에 두 장소에 존재할 수도 있고 우주의 한편에서 반대편으로 순식간에 '전언'을 보낼 수도 있는 '앨리스의 이상한 나라'건만 그래도 통합이 가능할까? 그러기 위해서는 양자중력이론(theory of quantum gravity)이 필요할 것이다.

만물이 들어앉아 있는 장소, 즉 공간이란 무엇인가? 아이작 뉴턴은 모든 사물이 위치하며 모든 운동의 기준점으로 삼을 수 있는 틀, 즉 "절대공간"이라는 개념을 상정했다. 1870년, 오스트리아의 물리학자인 에른스트 마흐(Ernst Mach, 음속의 단위인 그 '마하'다)는 절대공간이 환상에 불과하다는 이론을 내놓았다. 그 무엇도 존재하지 않는 공허 속에서 빙빙 돈다면 회전의 기준이 없기 때문에 원심력을 느끼지 못할 것이다. 아인슈타인의 일반상대성이론은 마흐가 방향은 제대로 잡았으나 정의할 물질이 없다면 기준 좌표

계도 존재하지 않는다고 한 점에서 틀렸다는 사실을 보여주었다. 아인슈타인은 "절대시공"이라는 개념을 도입했다. 이는 곧 뉴턴이 생각해낸 원(原)개념의 부활이었다.

우리는 미시적인 수준에서 양자물리학이 옳음을 알고 있다. 하지만 그게 무슨 의미인지는 알지 못한다. 전자가 동시에 두 장소에 존재하면 어떤 일이 벌어지는가? 리처드 파인만(Richard Feynman)의 말대로 우리가 방의 한구석에서 다른 곳으로 이동할 때 실제로는 목성에 들르는 것까지 포함해서 가능한 모든 경로를 검토하는 것일까? 가장 확실한 경로란 실은 가장 개연성 있는 경로에 불과한 것일까? 아인슈타인이 밝힌 바 있는 원거리에서의 으스스한 현상들은 실제로 어떻게 작용하는 것일까? 우리가 11차원의 우주에 살고 있다면 그에 따라 중력과 빛과 시간에 대한 설명은 구체적으로 어떻게 바뀔까? 빛을 비롯한 모든 전자기적 방사가 5차원에서의 파문이라는 가설은 쥐가 다른 평행우주에서 건너온 생물의 현신이라는 얘기만큼이나 기이하다. 그런데도 사람들은 전자를 진지하게 고려한다.

한편으로 생각하면 이처럼 많은 질문에 답이 없다는 사실이 마음 한구석을 아프게 한다. 하지만 시야를 바꿔보면 불과 100년 전만 해도 이런 질문 자체가 등장조차 하지 않았었다는 사실이 인상적이다. 발전은 분명히 일어나고 있다. 그에 상응하는 대가를 치르고 말이다.

우주 깊숙한 곳의 구조를 파헤치기 위해서는 엄청난 돈이 든다. 가장 작고 가장 기본적인 입자를 생성하고 검증하기 위해서는 지금까지 만들어진 것 중 가장 비싼 기계설비 속에서 두 개의 큰 입자를 충돌시켜야 한다. 입자가속기와 충돌기가 그러한 기계장치다. 과학자들은 몇십 년에 걸쳐서 CERN의 마라톤 길이 터널 속에 "대형전자–양전자충돌기"(Large Electron-Positron(LEP) Collider)라는 것을 만들었다. 그리고 같은 터널 속에 그보다 더 공포스러운 괴물을 만드는 중이다. 일명 "대형하드론충돌기"(Large Hadron Collider, LHC)다. 이 장치가 2007년에 완성되면 세계에서 가장 강력한 입자가속기로 우뚝 설 것이다. 물리학자들은 이 장치를 이용해 14TeV(teraelectron volts, 테라일렉트론 볼트)의 에너지에서 양성자를 충돌시키고 많은 근본적인 문제들에 대한 해답을 얻을 수 있으리라고 기대한다. 이 장치 덕분에 찾기 어려웠던 힉스보존의 정체를 밝혀내고 질량에 관한 의문점들을 풀 수도 있다. 중성미자에는 정말로 질량이 없는가를 결정할 수도 있고 반물질이 정말 물질의 완벽한 반영인가를 파헤칠 수도 있다. 심지어 끈이론이 예견했던 또 다른 차원의 존재를 밝힐 수도 있다(LHC의 에너지도 끈 자체의 존재를 증명하기에는 역부족이다). 더욱 강력한 장비, 즉 국제선형충돌기(the International Linear Collider)도 계획 단계에 있다. 이 장치가 완성되면 LHC의 역할을 돕게 될 것이다. 이 두 기계는 이제까지 만들어진 어떤 것보다 크고 무시무시한 과학기술장비이자 21세기의 진정한 경이이다.

이와 반대되는 규모에 있어서 우주를 탐사하는 데에도 초대형충돌기만큼이나 크고 값비싼 장비들이 필요하다. 눈부신 사진들을 제공한 덕분에 지금까지 존재했던 것 중 가장 인기 있는 과학 설비였던 허블우주망원경은 몇 년 후면 일선에서 은퇴할 것이다. 그러면 공백을 채울 새 장비가 필요하다. 2007년 발사 예정인 유럽 우주선 플랑크(Planck)호는 지구와 태양의 중력 상쇄점인 라그 랑주2에 자리 잡을 계획이다. 라그랑주2는 지구에서 수백만 킬로 미터 떨어진 지점이다. 플랑크호는 우주의 초단파 배경복사 속에 존재하는 비등방성(anisotropy), 즉 미세한 차이를 WMAP보다 더 욱 정밀하게 잡아낼 것이다. 플랑크호가 앞으로 10년 안에 임무를 마치고 나면 빅뱅 직후 아주 짧으면서도 매우 중요했던 순간에 무 슨 일이 벌어졌는가를 확실하게 알 수 있을지도 모른다.

무엇보다 중요한 질문은 당연히 "이 우주에 우리 혼자뿐일까?" 이다. 앞으로 몇십 년 내에 답을 얻을 수도 있다. 그 대답이 "아니 오"일 경우에 한해서지만 말이다. 외계 지성 탐사프로젝트는 발전 하는 컴퓨터의 능력에 힘입어 계속되고 있다. 2030년에 이르면 지 구로부터 수백 광년 내의 거리에서 발사된 전파가 있을 경우 이를 감지할 수 있을 것이다. 물론 여기서 아무런 결과를 얻지 못한다 하더라도 외계인이 존재하지 않는다는 증거는 되지 못한다. 하지 만 인류가 이 질문의 답을 모른 채 남은 생을 어둠 속에서 보내야 한다는 상상을 하면 정신이 번쩍 든다. 현재의 몇몇 과학자들이 믿고 있는 것처럼 외계 문명의 존재 가능성이 매우 낮다면 우리의 미래는 무척 외로울 것이다. 하지만 문명이 드물다 해도 생명체는 진흙 속처럼 풍부할지 모른다. 화성을 주홍색 달이라고 표현한 지 20년이 지난 후 이 붉은행성이 최소한 미생물의 고향은 될 수 있 지 않을까 하는 문제를 두고 내기가 벌어졌다. NASA는 향후 수십 년간 2년마다 한 번씩 화성에 새로운 탐사선을 보낼 예정이다. 2030년까지 더욱 새로운 로봇을 사용해 화성의 표면에 구멍을 뚫 고 찌르고 검사해보려는 30여 개의 탐사계획이 잡혀 있다. 화성

생명체를 역설적으로 지구에서 발견할 수도 있다. 화성의 대기 속에서 생명의 핵심지표인 메탄의 흔적을 발견한 것은 지구에 있는 망원경이었다. 또한 ALH84001[65] 운석도 있다. 이 운석에는 화성 박테리아의 화석이 들어 있을지도 모른다. 이 운석을 보기 위해서는 남극 대륙까지만 여행하면 된다.

개인적으로 (태양계의 유인탐사를 제외하고) 가장 고대하는 미래의 우주탐사계획은 다른 항성을 공전하고 있는 지구형 행성을 찾는 것이다. 유럽은 다윈계획을 통해 직경 150cm의 우주망원경 여섯 기를 라그랑주2(플랑크가 임무를 수행할 곳과 같다) 궤도에 상주시키며 주변 항성들 중에서 청록색 세계를 찾을 것이다. 다윈의 발사는 2015년으로 예정되어 있지만 아직 필요한 자금 지원을 받지 못한 상태다. 게다가 유럽과 NASA는 다윈과 같은 목적으로 추진 중이던 공동계획을 종결할지도 모른다. 지구에 있는 대형 망원경으로도 먼 곳에 있는 소형 행성의 대기를 분광학적으로 분석할 수 있다. 이를 통해 물·산소·메탄과 같은 화학물질을 발견한다면 생명이 존재할 수 있는 훌륭한 후보지를 찾는 셈이다.

중요한 문제들이 '저 멀리'에만 있는 것은 아니다. 가장 까다로운 과학적 문제는 아마도 인간 의식의 수수께끼일 것이다. 생각한다는 것은 무엇이며 자의식이란 무엇일까? 어떤 과학자들은 이것이야말로 가장 크고 중요한 문제라고 생각한다. 다른 과학자들은

---

**65** 미국 운석 탐사대가 1984년에 남극에서 찾아낸 운석의 명칭이다. 1976년 바이킹 착륙선에 의해 밝혀진 화성의 대기 성분과 같은 물질의 흔적이 포함되어 있기 때문에 화성에서 날아온 것으로 추정하고 있다.

하다못해 저녁식탁에서도 이런 얘기는 꺼내지 않을 것이다. 중요한 문제들이 다 그렇듯 이 질문 역시 형이상학과 철학의 경계선상에 위치한다. 의식적인 사고나 경험이란 무엇인가? 신경과학자(neuroscientist)들이 골머리를 앓고 있는 정체 모를 '퀄리아'(qualia)란 도대체 무엇인가? 의식은, 그리고 물리학은 자유의지에 대해 무엇을 말해주는가? 1980년대에 신경과학자 벤저민 리베(Bejamin Libet)는 뇌와 신경자극을 기록한 결과 손가락을 두드리는 행위처럼 의식의 통제하에 있는 근육의 움직임이 그러고자 하는 욕구를 인지하기 '전에' 뇌와 척수에서 신경자극의 형태로 직접 전달된다는 사실을 밝혀냈다. 이 결과에 따르면 우리가 선택과 의지에 관해 갖고 있던 생각들이 완전한 환상일 수도 있다. 의식은 행동에 아무런 영향을 미치지 못하며 단지 수동적인 관찰자에 불과할지도 모르는 것이다. 의식이 무엇인지 알아내거나 하다못해 의식이 구현되는 방식을 조리 있게 설명할 수 있다면 의식 있는 기계를 만들 수 있을까? 의식이 있는 컴퓨터를 만드는 것은 여러 가지 면에서 외계 문명을 탐지하는 것만큼이나 힘든 일이다(본질적인 면에서 볼 때 이 둘은 같은 작업이다). 컴퓨터는 무엇을 느낄까? 우리의 불쌍한 마빈처럼 몸의 왼쪽을 관통하는 무시무시한 고통에 괴로워할까? 숙고처럼 무한한 우월감과 자만심에 잠겨 있을까? 아니면 영화 「터미네이터」처럼 증오에 가득 차 있으며 공격적일까?

죽으면 어떻게 될까? 다시 신과 관련된 문제로 돌아왔지만 대형 종교들이 내놓는 망각이나 행복/불행의 선택을 도입하지 않고도 제시될 수 있는 해답들이 있다. 프랭크 티플러는(7장에서 등장한 그 티플러다) 1980년대에 오메가포인트(Omega Point)라 불리는 가설을 내놓았다. 티플러에 따르면 우주가 먼 미래의 어느 순간, 즉 오메가포인트에 도달하면 고도로 발달한 문명이(그 안의 모든 물질과 에너지를 통제하고 발달시켜왔던) 우주 자체를 거대한 슈퍼컴퓨터로 활용할 것이다. 그 컴퓨터의 능력은 거의 무한하기 때문에 우주는 자신의 컴퓨터적 매트릭스 안에 과거의 모든 사건과 과거에 존재했던 모든 물체를 재창조할 수 있다(더 보편적인 매트릭스가설에 의하면 컴퓨터가 이보다 훨씬 일찍 우주 전체를 만들어낼 수 있다고 한다. 둘 사이에는 유사점이 있다). 이와 같은 재창조에는 우리를 포함하여 일찍이 생존한 적 있는 모든 존재의 옛 삶 또한 포함된다. 즉 컴퓨터가 만들고 영구적으로 유지되는 (그리고 티플러에 따르면 낙원 같은 속성을 지닌) 기다리던 내세를 얻는 것이다. 거의 미친 소리처럼 들리지만 멋진 아이디어다. 『히치하이커』에 포함될 만큼 멋진 이야기임에 틀림없다.

자, 아직도 풀리지 않은 근본적인 문제가 산더미처럼 많다. 42는 (우리가 아는 한) 이 중 어느 문제의 해답도 아니다. 물질과 시간과 공간의 본질. 우주의 근원과 운명. 물리의 법칙. 기본적인 힘과 입자. 살아 있다는 느낌의 의미. 우리가 혼자인가의 여부. 『거의 무해함』에서 다중차원 '히치하이커'가 멍하니 앉아 있는 랜덤[66]에게 해주는 말은 이렇다. "지금 이 순간 네가 명심해야 할 것은 우주가 생각했던 것보다 훨씬 복잡하다는 사실이다. 처음부터 우주가 더럽게 복잡하다는 가정하에 출발했다 해도 이 사실은 변하지

--------

**66** 『히치하이커』의 등장 인물. 아서 덴트의 생물학적인 딸의 이름이다.

않는다."

개인적인 견해이긴 하지만, 궁극의 질문으로 뽑히기에 가장 유력한 후보는 "만물은 왜 존재하는가?"일 것이다. 이에 대해 생각하면 할수록 머릿속은 복잡해진다. 머리가 점점 복잡해진다는 것이야말로 궁극의 질문을 제대로 선택했다는 징조다. 그러니 도망치지 말자. 물리법칙과 기본이 되는 힘과 입자에 관한 모든 답을 얻었다 해도, 우주의 근원과 미래에 대해 완전히 밝혀냈다 해도, 시간과 공간의 수수께끼를 모두 풀고 이웃 외계인들을 만난다 해도(존재할 경우의 얘기지만) 여전히 방 안에는 코끼리가 한 마리 남아 있을 것이다. 만물은 왜 존재하는가? 이것이야말로 커다란 의문이다. 쉬운 일은 아니지만 지금과는 전혀 다른 상태를 상상은 해볼수 있을 것이다. 아무것도 없었고 아무것도 없으며 앞으로도 달라지지 않는 상태. 존재냐 아니냐, 그것이 문제로다. 이 의문에 대한 답을 얻기 위해서는 숙고보다 훨씬 똑똑해져야 할지노 모른다.

## 외계 생명체의 존재 가능성에 관한 도서

배리 W. 존스(Barrie W. Jones), 『태양계와 그 너머의 생명』(*Life in the Solar System and Beyond*), Springer-Praxis, New York, 2005.
내용은 매우 기술적이지만 ET가 존재할 가능성과 존재할 만한 장소에 관한 최신의 연구 조류를 알 수 있다. 외계 식물을 발견하는 방법과 우리 태양계 내에 생명이 발생할 가능성은 물론이고 외계 지성체로부터 전언을 얻기 위해 해야 할 일 및 그런 일이 발생할 가능성 등 모든 것을 다룬다.

피터 워드(Peter Ward), 던 브라운리(Don Brownlee) 공저, 『특별한 지구: 우주에서 고등 생명체를 찾아보기 힘든 이유』(*Rare Earth: Why Complex Life is Uncommon in the Universe*), Springer-Verlag, New York, 2000.

지적 생명체는 왜 우리가 상상하는 것보다 훨씬 찾기 힘든가. 우리 행성이 왜 그리 특별한가를 지적하는 '페르미 역설'에 관해 설득력 있는 대답들을 제공한다.

스티븐 웹(Stephen Webb), 강윤재 옮김, 『우주에 외계인이 가득하다면…… 모두 어디 있지?』(If the Universe is Teeming with Aliens-Where is Everybody?: Fifty Solutions to Fermi's Paradox and the Problem of Extraterrestrial Life), 한승, 2005.
저자인 웹은 결과적으로 우주에는 우리 혼자뿐일지도 모른다는 황홀한 이론을 제시한다. 직관에 반하는 동시에 흥미로운 책이다.

마이클 핸런(Michael Hanlon), 『화성의 실제』(The Real Mars), Constable Press, 2004.
붉은행성에 대한 모든 것을 설명하는 동시에 태양계 네 번째 바위 덩어리에 생명이 존재할 가능성을 다룬다.

마틴 리스(Martin Rees), 김재영 옮김, 『우주가 지금과 다르게 생성될 수 있었을까』(Our Cosmic Habitat), 이제이북스, 2004.
'우주는 어떤 모습이며 그 이유는 무엇인가'라는 의문에 대해 영국 왕립천문학회가 내놓는 해답을 재치 있게 요약했다.

퍼시벌 로웰(Percival Lowell), 『화성』(Mars), Riverside Press, Cambridge MA, 1895.
퇴폐적 고전. 외계 생명체의 존재 가능성을 다룬 사변 과학의 원형이며 여전히 흥미롭다. 이제는 공개되어 온라인상에서도 볼 수 있다.

http://www.wanderer.org/reference/lowell/Mars/


## 우주론, 물리, 평행우주의 본질에 관한 도서

브라이언 그린(Brian Greene), 박병철 옮김, 『엘러건트 유니버스』(*The Elegant Universe-Superstrings, Hidden Dimensions, and the Quest for the Ultimate Theory*), 승산, 2002.
극악하게 복잡한 초끈이론의 세계를 일반 독자의 입장에서 다룬 최초의 서적. 두 말할 필요 없이 훌륭하다.

브라이언 그린(Brian Greene), 박병철 옮김, 『우주의 구조』(*The Fabric of the Cosmos: Space, Time and the Texture of Reality*), 승산, 2005.
최신 물리학과 관련 이론들을 간략히 요약하는 데에 있어 누구보다도 지대하게 공헌한 저자가 집필한 또 하나의 보석.

스티븐 호킹(Stephen Hawking), 현정준 옮김, 『시간의 역사』(*A Brief History of Time: From the Big Bang to Black Holes*), 삼성출판사, 1995.
누구나 한 권씩 소지한 책이지만 그 중에서 책장 구석에 박혀 먼지를 뒤집어쓰지 않은 것은 얼마나 될까? 진정한 고전인 동시에 소장할 가치 또한 충분하다. 들려오는 전설에 비해서 읽기에 그리 어렵지만은 않다.

마틴 리스(artin Rees), 김혜원 옮김, 『여섯 개의 수』(Just Six Numbers: The Deep Forces that Shape the Universe), 사이언스북스, 2006.
우주는 왜 지금과 같은 모습일까? 최소한 우리가 머무는 우주의 조그마한 구석에서, 물리상수들이 생명의 탄생에 적합하도록 세밀하게 조정된 이유는 무엇일까? 리스는 이와 같은 문제들을 쉽고 흥미롭게 풀어나간다.

짐 알칼릴리(Jim Al-Khalilli), 『양자』(Quantum-A Guide for the Perplexed), Weidenfeld & Nicholson, London, 2003.
슈뢰딩거의 고양이, 원거리에서 발생하는 '무시무시한' 사건들과 양자 이동. 이 모든 것들이 이 책에 들어 있다. 오늘날의 난해하고 믿기 힘든 과학을 가장 이해하기 쉽게 설명한 최고의 서적이다. 닐스 보어는 이렇게 말한 바 있다. "양자이론을 접하고 충격을 받지 않은 사람은 제대로 이해하지 못한 것이다." 이 책을 읽고 충격에 빠져보자.

미치오 가쿠(加來道雄, Michio Kaku), 박병철 옮김, 『평행우주』(Parallel Worlds, The Science of Alternatie Universe and our Futuro in the Cosmos), 김영사, 2006.
신우주론을 꿰뚫으면서도 이해하기 쉬운 지적 유희를 담고 있다.

초끈, 평행 현실, 먼 미래에 어디로 도망쳐야 하는가 등 모든 것을 다룬다.

데이비드 할런드(David Harland), 『빅뱅』(*The Big Bang: A View from the 21st Century*), Springer-Verlag, New York, 2003.
영국에서 으뜸가는 우주역사가가 시간의 시작에 관한 최신 이론들을 소개한다.


## 시간여행에 관한 도서

폴 데이비스(Paul Davies), 강주상 옮김, 『타임머신』(*How to Build a Time Machine*), 한승, 2002.
표지의 문구를 그대로 빌리자면, 이 책은 과거로 돌아가 할아버지를 만날 수 있도록 해주는 기계를 만들기 위해 타당성 있고 가능해 보이는 청사진을 여러 장 제공한다. 또는 과거로 가서 당신 자신의 할아버지가 될 수도 있다. 오스트레일리아에 살고 있는 영국인 박식가의 재치 넘치는 저서.

줄리언 바버(Julian Barbour), 『시간의 끝』(*The End of Time: The Next Revolution in our Understanding of the Universe*), Weidenfeld & Nicholson, London, 1999.
매우 기이하며 도발적이고 논쟁의 소지가 다분한 가설을 소개한다. 즉 우리가 익히 알고 있는 시간이 환상이라는 것이다. 만약 바버의 이론이 옳다면 우리가 지금까지 알고 있던 것은 모조리 틀린 생각이다.

## 우주의 운명과 그 시작에 관한 도서

프레드 애덤스(Fred Adams), 그레그 로플린(Greg Laughlin) 공저, 『우주의 다섯 시대』(*The Five Ages of the Universe: Inside the Physics of Eternity*), Simon & Schuster, New York, 1999.
상상 불가능할 만큼 먼 미래를 아주 흥미진진하게 설명한다. 지금으로부터 50억 년 후 지구가 처할 운명(튀김이 될 운명)에서부터 항성과 물질 자체가 소멸하기까지를 다룬다. 두 저자는 우주가 먼지로 변했을 때 생명체에게 남은 가능성은 무엇인가를 진지하게 고찰한다.

## 컴퓨터에 관한 도서

존 너튼(John Naughton), 『미래의 짧은 역사』(*A Brief History of the Future: The Origins of the Internet*), Weidenfeld & Nicholson, London, 1999.
조금 철지난 얘기이기는 하지만(이 책이 집필된 것은 구글이 등장하기 전이다) 그럼에도 불구하고 이 책이 우리 문명을 뒤바꿔놓은 세계적 컴퓨터네트워크의 탄생을 명쾌하게 설명한다는 점에는 변함이 없다.


## 신에 대한 도서

스티븐 언윈(Stephen Unwin), 『신의 개연성: 궁극의 진실을 밝히는 간단한 계산』(*The Probability of God: A Simple Calculation That Proves the Ultimate Truth*), Three Rivers Press, New York, 2004.

신자와 비신자 모두에게 도발적인 저서. 확률이론을 적용한 결과 신은 존재하는 것 같다는 놀라운 결론을 제시한다.